NOTES GÉOLOGIQUES

SUR

L'OCÉANIE

LES

ILES TAHITI ET RAPA

PAR

M. JULES GARNIER

———o⊙o———

PARIS

DUNOD, ÉDITEUR,

SUCCESSEUR DE Vᵉ DALMONT,

Précédemment Carilian-Gœury et Victor-Dalmont,

LIBRAIRE DES CORPS IMPÉRIAUX DES PONTS ET CHAUSSÉES ET DES MINES,

Quai des Augustins, 49.

1870

276. — Paris. — Imprimerie Cusset et Cᵉ, rue Racine, 26.

NOTES GÉOLOGIQUES

SUR

L'OCÉANIE

LES

ILES TAHITI ET RAPA

PRÉLIMINAIRES.

Lors de mon retour de la Nouvelle-Calédonie en France, notre frégate séjourna assez longtemps à Tahiti pour me permettre d'en étudier la constitution géologique ; je fis, dans ce but, le tour de l'île, je remontai ses principales vallées, recueillant sur ma route des échantillons et des notes.

Depuis longtemps déjà, la géographie, la faune, la flore de Tahiti ont été les sujets d'études approfondies ; la géologie seule avait été négligée, si j'excepte, toutefois, l'aperçu que le savant américain Dana en a fait à la suite de la grande expédition entreprise dans l'Océan Pacifique sous les auspices du gouvernement des États-Unis.

Pendant mon voyage d'exploration, j'étais accompagné par M. Méry, officier d'artillerie, qui donnait à l'étude de la géologie une partie de ses loisirs ; il parlait assez couramment la langue et connaissait les coutumes des indigènes, et je suis heureux de pouvoir le remercier ici de l'intelligent et agréable concours qu'il m'a donné pendant ce voyage.

En France, ma collection de Tahiti est déposée à l'exposition permanente de la marine et des colonies, et M. Jannettaz, minéralogiste du muséum, voulut bien me prêter son aide éclairé pour la détermination de plusieurs de mes échantillons ; je le prie de vouloir bien en agréer ici tous mes remerciements.

J'ai encore consulté au muséum une collection de Tahiti, offerte en 1848, par M. Lépinc, pharmacien de la marine ; elle a été déterminée par M. Cordier ; enfin j'ai rappelé plusieurs des observations géologiques faites par Dana.

Au début de ette note je consacre quelques pages à des généralités sur la constitution des îles Océaniennes et les relations géologiques qui existent entre elles dans certains cas.

Ce rapport incomplet ne comblera certainement que bien peu de lacunes, mais, ma seule prétention a été de poser quelques jalons nouveaux, qui puissent servir plus tard pour les nombreuses et difficiles études qu'il reste encore à faire dans la vaste Océanie.

Généralités géologiques sur les îles de l'Océanie.

L'*Océan Pacifique* est, comme on le sait, parsemé d'îles ordinairement très-élevées, à faible surface, souvent arrondies et entourées de coraux : ceux-ci forment parfois une double ceinture, dont l'une se compose des débris inertes de ces zoophytes, pendant que, dans l'autre, la vie continue à les animer.

En jetant les yeux sur une carte de l'Océanie, on s'est aperçu depuis longtemps que ces îles ont entre elles une certaine liaison ; elles se présentent en chapelet, les unes à la suite des autres, de façon à former des lignes droites ou légèrement recourbées qui affectent toutes des directions semblables ou bien, forment des séries doubles, triples, qui sont rapprochées et parallèles. Enfin, le grand axe de la plupart de ces terres, possède encore la direction générale du groupe.

Le relief des îles Océaniennes est formé de matériaux que

l'on pourrait diviser en trois classes principales et bien nettement distinctes.

La première classe comprendrait les îles aux roches sédimentaires ou éruptives, plus ou moins anciennes et semblables à celles qui sont la base de nos continents.

La seconde classe se composerait des îles exclusivement volcaniques.

La troisième classe serait formée par les îles coralligènes, particulières à cette portion de notre planète.

La *première classe*, comprend l'immense archipel que l'on nomme parfois, avec les Anglais, l'*Australasie* et qui renferme :

1º La *Nouvelle-Hollande*, dont la surface est presque aussi grande que celle de l'Europe. C'est autour de ce centre immense que rayonnent les autres îles du groupe, qui sont :

2º La *Tasmanie*, au sud de l'Australie,

3º La *Nouvelle-Zélande*, au sud-est,

4º La *Nouvelle-Calédonie* et les *Salomon* au nord-est,

5º La *Nouvelle-Guinée* au nord.

Les géologues ont pu établir le synchronisme de plusieurs de ces îles par l'identité des roches qui les composent, leurs faunes et leurs flores anciennes ; mais il a été plus difficile de relier par la paléontologie ces parages aux nôtres, car il est arrivé plusieurs fois que le même sédiment semblait renfermer des fossiles qui, chez nous, auraient caractérisé des époques géologiques fort distantes. Certains géologues attribuent ces divergences à ce que l'étude des terrains dont il s'agit n'est point encore suffisamment faite, tandis que les autres pensent qu'il y avait réellement, à chaque époque géologique, une notable différence entre les faunes et les flores de l'Australasie et de l'Europe ; cette opinion semble, du reste, appuyée par les faits actuels : n'avons-nous pas, en effet, trouvé dans ces parages éloignés, une faune et une flore très-différentes des nôtres ? N'est-il pas encore reconnu que la végétation actuelle de plusieurs de ces contrées a une très-grande analogie avec celle qui couvrait notre continent à l'époque si reculée de la période carbonifère?

Dans l'Australasie, la *Nouvelle-Guinée* et le groupe des *Salomon* sont maintenant les seules terres tout à fait inconnues à la géologie; cependant, d'après les indices, un peu vagues, que l'on possède sur ces terres, elles seraient fort intéressantes; j'ai déjà parlé dans mon rapport sur la Nouvelle-Calédonie (*) d'une mine de cuivre natif qui existerait aux îles *Salomon*; cet archipel passe encore pour contenir, outre une grande richesse végétale, des mines d'or et un voyageur en a rapporté le *tibia* d'un énorme mammifère, qui semble appartenir au mammouth, ainsi qu'une dent de mastodonte. Ce voyageur assurait que des ossements semblables étaient fort abondants sur une des îles du groupe, et M. de Rienzi, qui rapporta en France les os que nous venons de citer, raconte qu'il possédait une partie d'un dronte, qui devait provenir du même point, mais qui fut malheureusement perdue dans un naufrage (**). Ne serait-il pas intéressant de retrouver dans cet archipel, et peut-être encore vivant, cet oiseau dont l'espèce a disparu sous nos yeux au commencement de ce siècle?

Avant de passer à la classe des îles volcaniques, qui doit former le principal sujet de ce mémoire, je dirai quelques mots sur les îles coralligènes spéciales à l'Océanie. Déjà des noms éminents sont liés aux théories que l'on possède sur la formation de ces îles; ce sont ceux de Darwin, Dana, Beechy, Clarke, etc. Pour ces savants, les zoophytes qui donnent le corail, ne pouvant vivre à de grandes profondeurs dans la mer, doivent nécessairement prendre leur pied sur les pointes des pics, les crêtes de montagnes, en un mot, sur les sommets des hauteurs sous-marines.

(*) *Essai sur la géologie de la Nouvelle-Calédonie*, page 7.
(**) De Rienzi. *L'Univers*, tome III, page 384.

Mes propres observations me conduisent à approuver pleinement cette théorie, bien qu'il en existe une autre, toute différente, qui a été émise pour la première fois par le naturaliste Forster, compagnon du capitaine Cook : celui-ci veut que ces îles madréporiques aient pour base un massif semblable au tronc d'un arbre, duquel se détacheraient des branches qui viendraient aboutir à la surface de la mer, à une certaine distance les unes des autres, de façon à former cet anneau découpé, qui est, en effet, la forme qu'affectent habituellement ces terres de corail.

Cette dernière façon d'envisager les îles coralligènes a dû prendre naissance à l'inspection superficielle de quelques-unes de celles qui composent l'archipel des *Pomotou*, groupe voisin de l'archipel de *Tahiti* et placé sous le protectorat de la France ; il se compose ordinairement, en effet, d'une succession de terres, dont chacune est formée par de longs bancs de coraux de 400 à 500 mètres de largeur ; leur ensemble fait un anneau entourant un lac qui peut atteindre un circuit de 30 lieues. L'intérieur de ce lac, ainsi que les solutions de continuité de l'anneau, sont ordinairement très-profonds.

Mais toutes les îles de corail n'affectent point cette forme et beaucoup d'entre elles manquent aussi de ce lac intérieur.

D'un autre côté, dans la théorie de Forster, on ne se préoccupe point de la hauteur de ces édifices sous-marins ; or, il est général que les contours extérieurs de ces îles coralligènes ont plusieurs centaines de mètres de hauteur : comment les polypiers, qui ne végètent que dans les eaux assez chaudes, auraient-ils pu se développer à ces immenses profondeurs où la température doit se rapprocher de celle du maximum de densité de l'eau? (*)

____

(*) Même à ces profondeurs, d'après de récents travaux exécutés dans l'Atlantique, l'eau est à o° ; ce qui pourrait s'expliquer par des courants d'eau provenant directement de la fusion des glaces du pôle (?).

La théorie plus nouvelle, en donnant pour base à ces îles les sommets de montagnes sous-marines, explique la grande hauteur d'eau que rencontrent toujours les sondes autour de ces surfaces madréporiques ; quant au lac intérieur qui en forme habituellement le centre, il peut très-bien provenir, comme on l'a dit, du cratère d'un volcan ou d'une dépression centrale du sommet sur lequel repose l'édifice.

Cependant il existe des îles, les Loyalty par exemple, où le corail s'élève jusqu'à 60 et 80 mètres au-dessus du niveau de la mer, bien qu'il paraisse encore s'enfoncer à d'immenses profondeurs ; comment les polypiers auraient-ils pu élever du fond des eaux des murailles si hautes, si nous devons croire avec certains observateurs, que ces animaux disparaissent au delà d'une profondeur de 10 à 15 mètres ? Nous avons bien, il est vrai, l'expérience de la frégate anglaise le *Meander* qui a dragué des coraux vivants à une profondeur de 75 mètres environ, dans le voisinage de Tahiti ; mais c'est un fait isolé et qui, par cela seul, mériterait une confirmation (*).

On pourrait encore expliquer la végétation de ces zoophytes sur de si grandes hauteurs en tenant compte des nombreux mouvements que le sol a subis dans ces parages, il a dû certainement y arriver que des îles dont les flancs supportaient des coraux vivants, s'enfonçaient par un mouvement lent, constant, dans le sein de la mer : les coraux, qui se développent du reste très-vite, s'élevaient au fur et à mesure, enfin, les sommets de l'île eux-même avaient disparu au-dessous des eaux et les zoophytes continuaient encore leur mouvement ascensionnel.

Ce fait du mouvement lent et prolongé d'une terre a été

(*) Un câble qui, dans la Méditerranée, avait séjourné à 2000 mètres de profondeur, a été retiré avec des mollusques et coraux à sa surface. Mais il est probable que ces coraux ne sont pas de l'espèce de ceux qui construisent les îles de l'Océanie.

constaté dans différents pays et dernièrement encore, dans
une lecture faite devant la société philosophique de la Nouvelle-Galles du sud par le géologue du gouvernement, le
docteur Clarke, on apprenait que, à la suite de différentes
observations astronomiques, on avait constaté que l'empla-
cement sur lequel s'élève l'observatoire de Sydney et probablement la contrée entière, jouissait d'un mouvement de
haut en bas, très-lent, mais continu. La conséquence d'un
fait semblable au sein de la mer où se développe le corail
ne peut être que celle que nous avons donnée plus haut,
c'est-à-dire, l'élévation au-dessus des îles submergées de
très-hautes murailles madréporiques, se terminant à la surface par des plateaux qui forment les îles que nous voyons
aujourd'hui.

Dans mon rapport sur la géologie de la Nouvelle-Calédonie (p. 4), j'ai donné un court aperçu de la constitution
géologique des îles Loyalty, qui dépendent aussi de la
France — ces terres coralligènes n'ont pas moins de
200 000 hectares de surface — je ne reviendrai donc pas sur
cette question, si ce n'est pour dire qu'elles diffèrent essentiellement de la plupart des autres îles madréporiques de
l'Océanie, en ce sens que ces immenses plateaux ont été
soulevés au-dessus du niveau de la mer, jusqu'à une hauteur
maxima de 80 mètres environ, tandis que le relief des *îles
basses*, c'est-à-dire de la pluralité des terres coralligènes,
n'est point dû à un mouvement de bas en haut, voici ce qui
se passa pour ces dernières :

Lorsque les architectes qui élèvent ces assises de leurs
squelettes superposés atteignent la surface de la mer, ils
périssent ; c'est alors que les vagues, venant battre constamment les contours des plateaux ainsi formés, les rongent à
la longue, et rejettent les débris vers l'intérieur, de façon à
former une dune qui s'élève d'abord à une certaine hauteur,
gagne ensuite en largeur, recouvrant ainsi le récif des débris de ses propres contours et le transformant en une île

plate, à lac central, qui va se resserrant de plus en plus lui-même.

Dans les archipels de corail on voit toutes les phases que subissent ces îles dans leur croissance, depuis le récif qui montre à peine sa surface humide et encore vivante jusqu'aux terres habitées par les hommes et dont la richesse de la flore et de la faune semblerait récuser tout d'abord une pareille origine.

L'alimentation des lacs intérieurs se fait moins par la perméabilité du corail que par les canaux qui réunissent ordinairement ces lacs à la mer : des courants d'une certaine violence s'y établissent à chaque marée et, soit que les eaux rentrent ou sortent, elles signalent leur passage par un bruit étourdissant, une agitation violente et un épais manteau d'écume blanche qui recouvre la mer aux abords du passage ; lorsque les niveaux se sont rétablis le calme renaît subitement : aussi les marins, pour entrer dans un lac intérieur, attendent-ils le calme qui suit la marée basse, et au moment où le courant rentrant se fait sentir, ils lui abandonnent leur navire.

Le corail contient souvent des cavernes profondes que les pluies remplissent d'eau douce et il est si peu perméable que les eaux de la mer n'y arrivent ordinairement pas ; ainsi, à *Raraka*, une des *Pomotou* (groupe N.-O.), sur le récif annulaire et à quelques pas de la mer, on trouve un puits naturel plein d'eau douce qui semble jaillir de source.

D'après des calculs que reproduit le géologue américain Dana, on estimerait à 290 le nombre des îles coralligènes de quelque importance en Océanie et leur surface occuperait plus de 4.000.000 d'hectares, tandis que les îles volcaniques n'auraient pas une surface de plus de 5.000.000 hectares.

Nous arrivons maintenant au sujet principal de ce mémoire, c'est-à-dire aux îles exclusivement volcaniques.

Nous avons vu que l'Océan Pacifique est la partie du monde qui présente le plus grand nombre de volcans éteints ou actifs; sans doute, l'arrivée des roches fondues n'a point été ici entravée par la présence d'une épaisse et solide croûte terrestre; au contraire même, les matériaux éruptifs n'ont eu à traverser qu'une barrière d'épaisseur *minima*, si l'on admet, avec quelque raison, que les vallées sous-marines les plus profondes, doivent correspondre aux plus vastes Océans, de même que les montagnes les plus élevées se trouvent dans les plus grands continents.

Mais, si un grand nombre de ces volcans se sont fait jour jusqu'à la surface, combien d'autres ont dû s'arrêter en chemin et à une distance plus ou moins grande du niveau de la mer! Combien d'autres encore, poursuivant le cours de leurs éruptions, s'élèvent peu à peu et sont destinés à apparaître au jour, créant de nouvelles îles, à une époque que le géologue pourrait même déterminer assez approximativement, si son œil avait la puissance de sonder la masse des eaux.

Souvent en Océanie on est témoin de phénomènes que l'on attribue avec assez de raison aux volcans; ainsi on observe souvent:

1° Des vagues immenses, connues des marins sous le nom de *lames sourdes*, qui, hautes parfois de plusieurs mètres et d'une longueur considérable, parcourent la surface de l'Océan jusqu'à ce qu'elles viennent se briser contre les rivages des îles; leur vitesse est si grande, qu'on les signale le même jour dans les pays situés à plusieurs centaines de lieues les uns des autres et encore ne fait-on habituellement mention que de celles de ces vagues qui occasionnent des désastres dans les pays qu'elles visitent.

2° Les marins rencontrent des bancs immenses de pierres-ponces, à travers lesquels ils naviguent parfois pendant des journées entières; beaucoup d'îles non volcaniques, la Nouvelle-Calédonie, par exemple, ont leurs plages encombrées de ces ponces que leur apporte la mer.

3° Je mettrai en troisième ligne les mouvements du sol

qu'accompagnent au sein de la mer certains courants anormaux.

Je citerai ici quelques-uns des faits les plus saillants et les moins connus parmi les phénomènes volcaniques que les Européens ont été à même d'observer depuis quelques années dans ces parages.

Éruption aux îles Gambier. — Le groupe des Gambier est situé à l'extrémité méridionale de la longue ligne, légèrement recourbée, qui forme les nombreuses îles Pomotou, dont la plupart sont madréporiques, ainsi que nous l'avons dit; ces terres sont sous le protectorat de la France et leur direction générale est le N-O: S-E. comme leurs voisines de l'archipel de Tahiti.

Ainsi que j'ai pu le constater par quelques échantillons des *Gambiers* que je vis à Tahiti, ces îles ont exactement la constitution géologique de cette dernière terre.

Le 7 novembre 1837 on entendit tout à coup aux Gambier de violentes détonations qui semblaient partir des montagnes; la mer se retira considérablement, puis revint sur les rivages qu'elle envahit en grande partie; après quelques mouvements semblables de va-et-vient, elle rentra dans ses limites ordinaires.

Le même jour et au même moment, un violent tremblement de terre avait lieu à Valdivia, au Chili (*).

Comme nous le verrons par la suite, ce n'est pas la seule fois qu'il y a eu connexion entre les mouvements du sol en Océanie et des phénomènes semblables sur la côte occidentale de l'Amérique; n'y a-t-il pas, du reste, une relation évidente entre ces archipels volcaniques, qui ne montrent que leurs sommets au-dessus des eaux, et les cordillères d'Amérique, qui, grâce à la hauteur plus considérable du continent, peuvent ici dominer les terres en suivant une ligne dont la direction générale est encore N.-O. : S.-E.,

____

(*) *Voyage au pôle sud*, tome III, page 395.

c'est-à-dire parallèle à celle des archipels volcaniques qui nous occupent?

Éruptions dans l'archipel des Amis. — Cet archipel est aussi dirigé N.-O. : S.-E., comme la Nouvelle-Calédonie, dont il n'est éloigné que de quelques centaines de lieues.

A *Tonga-Tabou*, une des îles les plus importantes du groupe, le 25 décembre 1853, on ressentit un violent tremblement de terre : par suite de ce mouvement, la surface de l'île resta inclinée de telle façon qu'à sa partie N.-E. l'eau de la mer avait gagné sur les terres d'une longueur de 2 milles environ. Cette inclinaison de l'île allait en diminuant du côté du sud-est, où, cependant, sur les rivages, la mer avait détruit une habitation et venait baigner le pied des arbres. Quant à la côte ouest, sans avoir été influencée d'une façon aussi énergique, elle s'était cependant élevée de quelques pieds au-dessus des flots, et une source qui y jaillissait autrefois avait disparu.

Mais là ne s'arrêta point l'effet de ce tremblement de terre ; nous avons vu que la côte N.-E. de l'île s'abaissait pendant que la côte S.-O. s'élevait, ce dernier mouvement se prolongea en mer à une distance assez considérable et avec une intensité suffisante pour amener une partie du fond de la mer à sa surface et créer une île à 30 milles environ vers l'ouest de Tonga-Tabou.

Aussitôt que les mouvements du sol eurent cessé, les habitants de Tonga-Tabou aperçurent cette nouvelle terre et quelques jours après, un baleinier qui ignorait l'événement s'échoua sur cette plage, dont il ne soupçonnait point l'existence, ayant plusieurs fois passé avec son navire en cette même place ; ce marin descendit sur la côte occidentale de cette île et put faire connaître plus tard qu'elle s'élevait à peine de quelques pouces au-dessus du niveau de l'Océan ; aucune végétation ne s'y montrait ; un sable noir métallifère, exactement semblable à celui qui couvre certaines îles volcaniques de l'Océanie, occupait seul sa surface et chacune des puissantes lames de l'Océan lavait et emportait dans ses profondeurs d'immenses quantités de ce sable, de sorte que cette île pourrait bien, par ce seul fait, disparaître à son tour, si elle n'a point quelque charpente rocheuse pour lui donner de la consistance.

Tonga-Tabou est coralligène et n'offre aucune apparence de roches volcaniques, bien que ses habitants possédassent des haches de basalte lorsque pour la première fois les Européens y débarquèrent. Avant le tremblement de terre, la surface de cette île était déjà légèrement ondulée sous l'influence d'anciennes convulsions, mais après ce dernier mouvement du sol, celui-ci, en certains points, s'élevait de plus de 3o mètres de hauteur.

Peu de temps après ce tremblement de terre, on en ressentit un autre qui fut désastreux pour la petite île *Nahinefuu*, située un peu au nord de Tonga-Tabou ; la plus grande partie des insulaires perdit la vie, engloutie dans d'immenses courants de lave qui se firent subitement jour par différentes ouvertures du sol ; elles marchaient si rapidement que les habitants n'avaient pas le temps de s'enfuir(*).

Éruption aux îles Sandwich et tremblement de terre sur la côte occidentale d'Amérique. — Nous avons déjà dit qu'en 1857 des phénomènes volcaniques aux îles Gambier avaient coïncidé avec des mouvements du sol en Amérique ; il vient de se passer tout récemment un fait analogue, mais qui a eu un plus grand retentissement à cause des grands désastres qui l'accompagnaient :

A la date du 15 août 1868, les correspondances de Lima annonçaient qu'à la suite d'un tremblement de terre remarquable par son extrême durée, la mer avait été sillonnée de courants extraordinaires ; les navires, dans les ports, semblaient affolés et s'abordaient, bien que la surface de la mer parût calme.

(*) J. Gay Jawkins. *Quarterly Journal*, 1856, page 583.

Vers neuf heures du soir, à terre, la mer baissa de quelques mètres, puis revint, pour monter ensuite de 4 mètres au-dessus de son niveau ordinaire. Le lendemain on remarquait encore quelques courants irréguliers, puis tout rentra dans le calme.

La côte au nord de Lima souffrit peu, mais au sud le tremblement de terre détruisit des villes de l'intérieur, pendant que d'autres du littoral étaient fortement endommagées par des lames gigantesques.

Le sud du Chili ne souffrit que de l'Océan; à *Coquimbo* et à *Caldera*, la mer monta de près de 5 mètres, la Bolivie elle-même s'en ressentit.

Au Pérou, les pertes furent grandes; la moitié de la ville d'Iquipe fut renversée par les mouvements du sol.

La ville de *Mejillones*, bâtie sur une presqu'île, fut complétement emportée par les flots, qui, en même temps, coupèrent cette péninsule et en firent une île.

Le mouvement de la mer avait lieu du sud au nord.

A peu près au moment où ces phénomènes se passaient, les volcans des îles Sandwich, si connus par les écrits de Dana et autres voyageurs, redoublaient d'intensité et la lave envahissait de nouvelles plaines dont elle chassait les habitants.

Dans ces mouvements du sol et de la mer que nous venons de passer en revue, les éruptions volcaniques *aériennes* ne semblent pas toujours être intervenues; nous allons citer encore quelques exemples de faits semblables.

Dans l'océan Pacifique, la nature fournit un procédé très-exact pour mesurer les hauteurs dont certaines terres ont pu s'élever; en effet, la ceinture madréporique qui se soude aux rivages des îles et s'y développe jusqu'au niveau de la mer, s'élève nécessairement avec la terre qui la supporte; là, elle devient pour le géologue un témoin irréfutable du mouvement qui s'est produit : ainsi, dans le sud de la Nouvelle-Calédonie et à l'île des Pins, la plage qui borde la mer repose sur des coraux dont le niveau est plus élevé que celui de la mer ; en second lieu, les falaises à pic qui dominent ces plages sont elles-mêmes taillées en *corniches* par l'usure des eaux à des hauteurs qui augmentent sensiblement si l'on va du nord au sud ; à l'extrémité de la côte sud-est de cette île et sur une longueur d'une dizaine de lieues, la hauteur de la corniche est de $2^m,5o$ environ ; dans l'île des Pins, à dix lieues au sud de la Nouvelle-Calédonie, la corniche atteint une élévation de 10 mètres.

Nous trouvons encore les traces de ce mouvement sur la côte ouest de la Nouvelle-Calédonie ; mais, dans cette partie, la corniche manque — par suite évidemment de la dénudation — dans un grand nombre de points ; néanmoins, les *îlots champignon* dans la baie de Saint-Vincent, accusent encore sa présence sur une longueur de côte de 3o lieues au moins. Là, cette corniche est à peine élevée de 2 mètres.

Mais c'est aux îles Loyalty que le phénomène s'est fait sentir avec toute sa puissance ; j'ai déjà eu l'occasion de parler ici de ce groupe d'îles de corail qui est situé à 15 lieues à l'est de la Nouvelle-Calédonie et se dirige parallèlement à cette grande terre ; il se compose de trois îles principales : *Maré*, *Lifou* et *Ouvea* ; dans la première, qui est au sud de l'archipel, la corniche est élevée de 4o mètres ; dans la seconde, qui est située entre les deux autres, on peut lire sur ses bords taillés à pic, qu'elle a été élevée en deux fois au-dessus de la mer, et cela par les deux sillons superposés et creusés dans ses falaises. Le premier soulèvement semble avoir été de 45 mètres et le second de 2o mètres, ce qui donne une hauteur totale de 65 mètres. Malgré ces mouvements, la surface de l'île est assez plane, à part le morne madréporique d'*Hiacho*, dans la baie du Sandal, qui contraste d'une façon bizarre avec l'uniforme horizontalité du reste de l'île ; la hauteur de Lifou est de 8o mètres au maximum.

L'île *Maré* possède un seul sillon à 4o mètres de hau-

teur, elle est probablement de formation plus jeune que
Lifou et n'a participé que d'un des deux soulèvements de
cette île; elle doit peut-être sa formation à ce qu'un
des soulèvements primitifs de Lifou, ayant élevé quelques
sommets sous-marins à une hauteur suffisante pour que les
coraux puissent s'y établir, ceux-ci, dans la période de
calme, formèrent alors les assises de l'île Maré, qui s'émer-
gèrent à leur tour au soulèvement qui suivit.

L'île *Ouvea* termine au nord l'archipel des Loyalty; elle
se compose de quatre terres principales, séparées par des
canaux et affectant une disposition circulaire; la partie encore ouverte du côté nord-ouest est déjà encombrée de coraux vivants qui travaillent avec rapidité à fermer l'anneau.

Ces îles n'ont dû être émergées qu'à la suite de plus
récents soulèvements que ceux qui élevèrent leurs voisines; nulle part elles ne s'élèvent à plus de 10 mètres
au-dessus du niveau de la mer; d'un autre côté leurs bords,
dans l'endroit que j'ai pu visiter, ne sont pas taillés à pic,
ils présentent au contraire une plage sablonneuse en pente
douce; mais cela tient probablement à ce que dans cette
île, l'horizontalité des couches n'a pas été gardée comme
à Lifou et Ouvea; souvent, au contraire, elles sont ici très-
disloquées.

Les mêmes phénomènes et circonstances d'élévation que
nous venons de signaler aux îles Loyalty, se reproduisent
exactement de la même façon dans quelques terres coralligènes de l'Océanie, à l'île *Metia* ou *Aurore*, par exemple,
qui est cependant éloignée des Loyalty de plus de 2 000
lieues.

L'île *Metia* est dans la partie occidentale de l'archipel
des *Pomotou*; les dimensions de cette terre sont seulement
de 4 milles de longueur, sur 2 milles 1/2 en largeur, mais
elle est haute de 80 mètres environ, ce qui est la hauteur *maxima* des *Loyalty* et, comme ces dernières, elle se

compose de calcaires coralligènes ; ses bords sont verticaux, excepté sur sa côte occidentale et sa masse renferme
des cavernes profondes.

Le calcaire qui compose cet îlot ne présente que rarement des traces de son origine madréporique ; certains lits
de la roche contiennent çà et là des débris de corail, qui
semblent y avoir été ensevelis en compagnie de magnifiques moules de coquillages. C'est encore ce que l'on observe à Lifou, d'où j'ai rapporté des fossiles extrêmement
bien conservés ; mais ce qu'il y a de très-remarquable ici,
c'est que, le plus souvent, la roche devient aussi compacte
que n'importe quel marbre mésozoïque, de texture tout aussi
uniforme, présentant même parfois des cristaux de calcaire
spathique disséminés dans la masse.

Ce fait ne mériterait-il pas une étude particulière, à savoir, sous quelle influence cette métamorphose a pu se
produire, puisque d'abord les puissances ordinaires du
métamorphisme, pression et chaleur, n'ont pas été mises
en jeu et que, en second lieu, on n'aperçoit aucune roche
volcanique à travers ces assises coralligènes ; enfin les
parties de calcaire compacte s'entremêlent indifféremment
avec les calcaires terreux et les coraux morts eux-mêmes.

Dans les îles coralligènes des *Loyalty*, on constate la transformation du corail en calcaire aussi compacte que peut
l'être celui de *Metia*, mais c'est dans une circonstance commune dans la nature, je veux parler des stalactites qui se
déposent sur les parois des cavernes du corail, par l'inter-
médiaire des eaux. Ne serait-ce point à *Metia* une action
analogue qui aurait aussi amené, à la longue et sur place, le
corail à l'état cristallisé et compact où on le trouve ? Mais
si l'on songe que de nos jours les madrépores prospèrent
surtout dans les mers chaudes ; aux époques anciennes, où
la température générale de la surface de la terre était plus
élevée qu'aujourd'hui, les coraux devaient se montrer dans
toutes les mers, ils y ont peut-être formé aussi de gigan-

tesques assises, qui se seraient aujourd'hui transformées en ces bancs épais de calcaire, dont toute trace de l'animal composant aurait disparu et dont les parties cristallines, compactes, n'auraient pas été produites — ainsi que les faits semblent l'indiquer à Metia — par la chaleur et la pression réunies.

Dans la comparaison de *Metia* et de *Lifou*, on remarque encore que ces deux terres sont bordées de falaises à pic, et que celles de *Metia* présentent aussi deux lignes horizontales qui divisent la hauteur totale en trois parties à peu près égales et doivent très-probablement provenir d'exhaussements successifs de l'îlot. (Dana, *United States exploring expedition geology*, p. 511).

Le docteur Clarke signale encore à la Nouvelle-Hollande un fait fort curieux d'élévation de coraux; d'après ce savant géologue, on aurait trouvé au sommet de la rivière de Boyne, c'est-à-dire à 2 000 pieds de hauteur et à 700 ou 800 milles de *Lifou*, des blocs de corail dont les caractères de structure, de couleur et de décomposition sont identiques à ceux que présentent les *astræa* de Lifou (*Quarterly journal*, 1847, p. 63).

On a trouvé plusieurs fois des coraux morts, à une grande hauteur, à Java et à Timor, par exemple; mais là, c'est à la suite d'éruptions volcaniques subaériennes que ces matériaux ont ainsi été soulevés, tandis que à la Nouvelle-Calédonie, aux Loyalty et à la Nouvelle-Hollande, ce phénomène d'élévation du sol n'est pas *en apparence* lié à une action volcanique, et semblerait s'être produit sur une surface immense et une grande hauteur.

Le volcan de Tana. — Tana est une des Nouvelles-Hébrides, groupe d'îles orientées N.O-S.E., c'est-à-dire suivant la direction habituelle; cette terre possède un volcan en activité qui paraît être fort intéressant, mais qui, par malheur, n'a jamais été étudié par aucun géologue.

Les naturels de ce pays se sont armés à l'européenne

en échangeant avec nous les productions de leur île, et surtout leur soufre natif; ils s'opposent par la force à ce qu'on pénètre dans l'intérieur de leur île, aussi est-il très-difficile d'avoir des renseignements sur sa constitution. Je grouperai cependant ici ceux que l'on possède d'après les anciens navigateurs ainsi que les détails que j'ai pu obtenir moi-même des marins qui vont commercer dans ce pays:

Tana est formé de montagnes de hauteur moyenne, mais assez uniformes, se terminant au nord-ouest par des falaises à pic: le volcan se trouve dans le sud-est et à 3 lieues environ dans l'intérieur, à partir du fond du Havre qui s'étend devant lui ; il est placé au nord-est de la plus haute montagne de l'île; son cratère, de forme conique, est situé sur une chaîne dont il est le sommet le plus bas; cette chaîne, qui borde ici la mer, n'est point taillée à pic comme ailleurs, mais elle descend, au contraire, avec une pente douce.

Le cône du volcan est complétement stérile ; sa couleur générale est le rouge brun ; les terrains avoisinants se composent de couches minces, souvent horizontales, de wackes, laves, cendres, ponces, etc. Forster, qui visita ce cratère, y signale aussi *une pierre argileuse mêlée de pierres de chaux,* ainsi qu'une pierre blanche dont les naturels se servent pour orner leurs narines et qui ne serait autre chose que du gypse: Comme cette dernière sudstance manque, à l'état exploitable, dans notre colonie de la Nouvelle-Calédonie, qui n'est éloignée que de 108 lieues, il y aurait avantage à en rapporter en même temps que du soufre : je remarquerai aussi que le gypse accompagne encore le soufre dans ses riches gisements de Sicile.

En 1774, époque où Cook le visita, ce volcan dégageait par intervalles de trois à quatre minutes une épaisse colonne de feu et de fumée : on entendait alors un bruit semblable à celui du tonnerre; il lançait aussi des pierres d'une prodigieuse grosseur : Aujourd'hui le volcan ne semblerait pas avoir la même puissance; il est souvent recouvert de vapeurs que les lueurs du cratère ne peuvent point traverser de sorte qu'il disparaît à la vue.

Les compagnons de Cook constatèrent, au pied du cratère et à un demi-mille environ du rivage, la présence de fissures par lesquelles sélevait constamment de la vapeur; le sol y était si chaud que l'on ne pouvait y poser le pied; un thermomètre plongé dans un trou que l'on pratiqua dans la terre s'éleva en une demi-minute de 26°, 7 C., température de l'air extérieur, à 78° C.; là il resta stationnaire. Dans une seconde expérience faite par Cook lui-même, le thermomètre monta à 98° C.

Dans ces mêmes points la terre contenait une forte proportion d'alun et du soufre qui s'enflammait lorsqu'on creusait le sol à une certaine profondeur.

Au delà de ce *premier solfatare*, ils en trouvèrent deux autres très-analogues. Ils remarquèrent aussi que les explosions semblaient devenir plus intenses lorsque la pluie tombait.

Le volcan vomissait encore sans cesse des quantités prodigieuses de petites cendres noires, que Forster pensait être des *schorls* en forme d'aiguilles à demi transparentes; ces particules recouvraient tout la contrée (*).

Cook signale aussi des sources d'eau chaude dont la température était de 88° à 95° C.; cette eau jaillissait, en bouillonnant, au travers d'un sable noirâtre et au pied même d'un rocher à pic qui se rattache aux montagnes des solfatares déjà signalés; cette eau thermale va se perdre dans la mer.

Dans un récent voyage accompli en 1867 aux Nouvelles-Hébrides par un officier de la marine française, chargé de faire sur cette île quelques observations hydrographiques, on signalait au fond de la baie *Résolution*, sur une plage de sable noir et à droite, une source d'eau chaude, à 60° C. seulement. Cette source doit être celle dont parle Cook;

(*) Nouveau fait à l'appui de la loi de Scrope : *Les laves sortent des cratères toutes cristallisées.*

elle serait donc descendue de la température de 95° C. à celle de 60° seulement, et cela en quatre-vingt-treize années de temps !

Auprès de cette source, à gauche, est un cours d'eau légèrement colorée en noir, mais n'ayant aucun goût particulier,

Des mouvements du sol paraîtraient avoir eu lieu depuis peu dans cette île, car près du port *Résolution*, à la pointe Carteret, en dehors du récif, on voit aujourd'hui pointer des rochers qui n'étaient pas signalés dans la carte que le capitaine anglais Belcker a faite de ces parages.

Nous signalerons encore sur cette île les gisements d'ocre rouge dont les naturels se teignent le corps, et qui se trouvent situés dans le voisinage des solfatares ; enfin la prodigieuse grosseur des produits de la culture et la vigueur extraordinaire de la végétation, que l'on ne peut attribuer qu'à une incomparable fertilité du sol ou peut-être, comme on le dit, à la chaleur interne de ce sol.

Ce groupe, si voisin de notre possession de la Nouvelle-Calédonie, offre donc un grand intérêt par ses productions végétales et minérales; le soufre, dont il paraît avoir d'immenses gisements, y devient tous les jours l'objet d'une extraction plus considérable. L'Europe, grâce surtout au percement de l'isthme de Suez, empruntera peut-être un jour à ce pays une partie du soufre qu'elle consomme.

Aperçu sur la constitution géologique de l'île de Tahiti.

Plus de 1.000 lieues séparent Tahiti des grandes terres de l'Amérique et de l'Australie; sa surface n'est que le double de celle du département de la Seine, et 9.000 insulaires au plus, habitent ses rivages; mais si tant d'écrivains éminents, de voyageurs illustres n'ont pas dédaigné de consacrer de longues pages à ce point qui semble perdu au milieu du vaste océan Pacifique, c'est qu'il était vraiment digne de fixer leur attention, soit à cause de la mer, toujours paisible, bleue, transparente qui l'environne, soit par l'aspect de ses montagnes aux mille pics, aux flancs sillonnés de cascades qui étincellent sous les flots de lumière d'un brillant soleil, soit enfin par la beauté et la douceur des indigènes.

L'île de Tahiti est un chaos de montagnes et de pics, dont les pentes ont des inclinaisons tellement exagérées et supportent une végétation si touffue, que les explorations dans l'intérieur deviennent très-souvent tout à fait impossibles.

La forme générale des contours de l'île se rapproche de celle d'un 8 qui serait couché dans la direction ordinaire à ces parages, c'est-à-dire le N.-O. S.-E.

De ces deux presqu'îles ainsi accolées, celle du nord, qui est de beaucoup la plus importante, est seule appelée Tahiti par les indigènes, tandis que celle du sud porte le nom de *Taiarapou*.

L'île entière est due à une série d'éruptions volcaniques qui ont eu lieu à des époques différentes et parfois très-éloignées les unes des autres, ce que l'on constate facilement, soit par les natures diverses des roches éruptives, soit par les dénudations qu'ont eu le temps de subir d'anciennes couches avant d'être couvertes par de nouvelles, soit enfin par la superposition des coulées plus jeunes sur les plus anciennes.

Pendant de longues années de calme qui séparaient ainsi parfois deux éruptions, sur la surface assez vaste qui était peut-être alors émergée, des végétaux avaient eu le temps de s'établir; d'un autre côté, des cours d'eau importants devaient aussi couler sur cette terre, si toutefois ce sont eux et non les courants de laves qui ont tracé les sillons profonds que nous avons déjà signalés au milieu de certains dépôts de matières volcaniques; en tous cas les galets roulés et d'assez fortes dimensions qui composent certains agglomérats volcaniques, ne laissent aucun doute sur la présence et la force de ces courants d'eau anciens.

Ces périodes de calme faisaient subitement place à des phénomènes dévastateurs ; les trachytes, les dolérites, les basaltes, en un mot toutes les roches figées qui composent aujourd'hui la charpente de l'île, jaillissaient successivement des profondeurs du sol dont elles inondaient la surface ; elles remplissaient d'abord les creux et les vallées inférieures qui avaient eu le temps de se former, puis leurs nappes, condensées par le refroidissement, se superposaient avec régularité, comme on peut le voir en plusieurs points de l'île.

Au moment de la dernière éruption importante qui eut lieu, l'aspect de l'île était certainement très-différent de celui que nous voyons aujourd'hui ; elle présentait une série de cônes réguliers, en nombre égal à celui des cratères, mais les animaux et les plantes étaient rares sur ces roches encore brûlantes. Cependant le refroidissement s'effectua, le retrait qui suivit fit fendre de toute part les roches nouvelles ; les eaux pénétrèrent dans ces crevasses et y coulèrent suivant les pentes, c'est-à-dire vers la mer. A la longue ces lits primitifs se modifièrent, s'élargirent et formèrent enfin les vallées que nous voyons aujourd'hui. Mais bien des siècles furent nécessaires pour effectuer cette transformation !

Les surfaces des roches volcaniques, en se décomposant, fournirent la terre qui recouvre les flancs des montagnes et le fond des vallées ; humus fertile, car il contient déjà les éléments les plus propres à la végétation.

C'est ainsi que la vie peut revenir peu à peu avec les plantes, les animaux, les hommes eux-mêmes. Au milieu de ce calme les laborieux zoophytes qui donnent le corail s'établirent en abondance sur les rivages de la côte ouest où les alizées perpétuels ne venaient jamais soulever les flots contre leurs travaux et les retarder. Du jour où, par leurs soins, une barrière assez puissante fut établie le long de ce rivage, toutes les roches et les débris que les eaux y apportaient des sommets de l'île, purent se déposer dans une eau calme et s'y superposer de façon à donner nais-sance à cette bande de terre horizontale et fertile qui s'é-tend sur toute la côte ouest aux pieds des montagnes érup-tives et repose souvent sur les bancs madréporiques eux-mêmes.

Sur la côte est, la mer, toujours en mouvement sous l'influence des vents du sud est, s'est opposé à la progres-sion aussi rapide des coraux, et c'est à peine si une plage étroite a pu se former çà et là entre la mer et le pied des montagnes que battent partout, ailleurs, les incessantes lames de l'Océan.

En même temps, une seconde ceinture de coraux s'éta-blissait principalement sur la côte méridionale et occiden-tale; celle-ci laisse entre elle et les rivages de l'île un canal profond aux eaux tranquilles, sur lequel peuvent circuler les grands navires eux-mêmes.

Si nous comparons maintenant les structures des deux péninsules, nous voyons de suite, d'après la carte (Pl. VIII, *fig.* 1), que dans chacune d'elles les vallées convergent des rivages vers un centre intérieur; de plus ces deux terres sont exclusivement volcaniques et composées de roches analogues et, bien que les pentes générales des monta-gnes, les directions et les inclinaisons des bancs de ces deux presqu'îles soient différentes, il n'en est pas moins très-probable qu'elles appartiennent toutes deux à des époques contemporaines. La seule roche de la presqu'île que, jus-qu'ici, on n'a point trouvée dans celle du nord, est un tra-chyte à petits grains d'albite. Je ne pense point qu'un seul cratère ait vomi tous les matériaux qui composent les deux péninsules, mais il a dû y avoir une simultanéité totale plutôt même que partielle, entre les éruptions des anciens volcans ; cette terre, aujourd'hui réunie seulement par un isthme étroit, devait être plus condensée, et l'on voit aisément à la jonction des deux presqu'îles que l'œuvre de dénudation s'y est produite sur une grande échelle. Cet isthme ne se compose encore actuellement que de roches feldspathiques et ferrugineuses, complétement transformées en une argile qui a peu de cohésion, et se laisse entraîner aisément par les eaux.

De même que dans notre Auvergne, les dernières éruptions n'ont laissé ici aucune trace dans les traditions des habitants : mais ce fait, appliqué à un peuple qui n'a pas d'histoire, aurait peu de valeur si l'on n'avait encore, pour attester la haute antiquité de ces roches éruptives, les dénudations, les altérations et les décompositions qu'elles ont subies, dont on pourra juger par la suite de cette note. Nous verrons, en effet, que la constitution de l'intérieur de l'île, c'est-à-dire tout ce qui serait renfermé dans une ligne tracée à une distance de 7 kilomètres des rivages et parallèlement à eux, diffère essentiellement de la zone qui contourne la mer ; dans celle-ci, nous trouvons des agglomérats, des pépérinos, des tuffs, des cendres, en couches qui n'ont parfois que quelques centimètres d'épaisseur ; ces lits manquent à peu près complétement aussitôt que l'on s'enfonce de 8 à 10 kilomètres dans l'intérieur de l'île. A l'entrée des vallées, où d'habitude on peut voir une coupe plus ou moins élevée du terrain, on aperçoit la superposition des lits, qui, partant du centre de l'île, plongent vers la mer avec des pentes uniformes et faibles ; leur épaisseur dépasse rarement 6 mètres ; les couches de basalte sont le plus souvent vésiculaires.

Mais dans l'intérieur, c'est tout autre chose ; les agglomérats, tuffs, cendres, etc. ont disparu sous l'action des agents de la dénudation ; nous n'avons plus que des roches basaltiques, porphyroïdes, ordinairement compactes, ou bien prismatiques, colonnaires, globulaires : leurs bancs atteignent parfois des hauteurs de plusieurs centaines de mètres. Ce caractère de compacité dans ces roches doit aussi provenir de leur voisinage des cratères, c'est-à-dire d'une forte chaleur.

En présence de cette différence si tranchée entre l'intérieur et le pourtour de l'île, nous avons divisé sa description géologique en deux parties :

1° L'étude des vallées et des montagnes de l'intérieur ;

2° L'étude de la plage, de ses falaises et de l'entrée des vallées.

Dans la suite de cette note, chaque lieu dont j'indiquerai le nom sera accompagné dans le texte d'un numéro reproduit lui-même sur la carte et à côté du lieu même dont il sera question, de façon à ce qu'on puisse aisément le retrouver. En second lieu, dans chacune des descriptions, nous partirons de *Papeete*, le chef-lieu, et ferons le tour de l'île dans un sens inverse à celui des aiguilles d'une montre.

PREMIÈRE PARTIE.

Description des vallées et des montagnes de l'intérieur de Tahiti.

Dans ce chapitre, nous parlerons seulement de la grande presqu'île où le système de montagnes et de vallées est plus développé.

Toutes les vallées, prolongées idéalement, viendraient aboutir aux environs du pic Orohena (1), le plus élevé de l'île et qui a 2.237 mètres ; ce sommet, à sa partie supérieure et sur une hauteur de plus de 1.000 mètres, se présente sous des angles infranchissables qui varient entre 60° et 90 ; à cause de la finesse de son extrémité, il n'est guère supposable qu'il renforme le cratère que jusqu'ici on a vainement cherché dans cette île. La structure de cette haute cime est colonnaire ou massive et ne présente aucun banc ; elle est reliée, à l'ouest, au sommet *Aorai* (2), par un mur de 1.000 mètres environ de hauteur ; l'Aorai, qui est élevé de 2.064 mètres, a été gravi, malgré l'extrême inclinaison de son sommet, mais il n'a rien offert d'intéressant à son intrépide explorateur. Il se compose principalement de wackes dont quelques-unes sont porphyroïdes et contiennent du péridot ou du pyroxène, ou bien l'un et l'autre. Elles affectent aussi parfois la structure cellulaire et renferment de l'hydroxyde de fer.

Vallée de Papeete (3). — Cette vallée commence aux pieds des flancs de l'Aorai (2), et l'un des sommets qui s'élèvent sur les crêtes qui la dominent a reçu le nom de diadème (4) ; ce pic est surtout remarquable par ses immenses dentelures qui s'aperçoivent de loin en mer et lui donnent l'apparence d'une couronne ; ces dentelures ne seraient pas autre chose que les sommets de pics basaltiques, débarrassés par les eaux des sédiments, cendres, agglomérats, etc., qui les environnaient. Ce sommet s'élève à son extrémité sur une hauteur verticale de 500 mètres.

Dans cette vallée, si l'on remonte le long de la rivière de Tipaerui (5), on rencontre :

1° Des basaltes porphyroïdes, brun foncé, à cristaux de pyroxène et de péridot ;

2° Des basaltes ordinaires, des scories rouge foncé et enfin, vers le fond de la vallée, des scories lapillaires, porphyroïdes, qui témoigneraient en ce lieu du voisinage d'un cratère ; parfois, ces scories sont accompagnées de cristaux de feldspath, de péridot ou de pyroxène ; dans d'autres cas, elles se rapprochent aussi des *pumites*, par leur légèreté et le grand nombre de cellules qu'elles renferment.

Si l'on suit maintenant la gorge dans laquelle court la petite rivière de Piré (6), on rencontre d'abord la montagne de Piré, qui renferme le basalte porphyroïde habituel avec cristaux de pyroxène et de péridot ; puis, une série de couches comprenant successivement, des wackes cellulaires grises, puis brunâtres, puis gris bleuâtre, puis des pouzzolanes rouges, alternant avec les wackes ; enfin, des wackes avec péridot et d'autres, couleur lie de vin.

Dans le fond de la gorge du Piré, on trouve une basanite scoriacée grise.

C'est non loin du fond de la grande vallée de Papeete que s'élève, à 600 mètres de hauteur, la montagne de *Fataua* (8), qui fut le dernier retranchement des chefs indigènes à l'époque où ils luttaient contre notre domination ; la trahison seule put les atteindre sur cette muraille verticale, du haut de laquelle s'élance, en superbe cascade, un cours d'eau tout entier ; ce sommet est formé de différentes roches qui sont principalement :

1° Un basanite gris ;

2° Une mimosite noirâtre ;

3° Un basanite gris avec péridot ;

4° Un basalte noir avec péridot décomposé ;

5° Une wacke cellulaire brune avec péridot

6° Une scorie brune avec cristaux de pyroxène ;

7° Une wacke amygdalaire grise avec cavités tapissées de quartz hyalin ;

8° Une wacke cellulaire rouge foncé ;

9° Une scorie lapillaire rouge avec péridot ;

10° Une pouzzolite rouge foncé.

Dans cette vallée, la structure colonnaire des basaltes est bien indiquée ; près de la cascade, leurs colonnes convergent au même point et forment une espèce de fuseau.

A l'embouchure de la grande vallée de Papeete, s'élève le chef-lieu de l'île (9) ; aussi a-t-elle été l'objet d'un très-grand nombre d'excursions ; entre autres documents, elle a fourni à la géologie un morceau de lave au milieu duquel étaient empâtées des branches d'arbres, transformées en charbon ; indice certain qu'une végétation avait eu le temps

de s'établir sur l'île avant l'extinction définitive des volcans.

Vallée de Punaauia (10). — Cette vallée, une des plus
grandes de l'île, vient immédiatement après la précédente ;
elle se prolonge jusqu'aux pieds des pics *Orohéna* et *Aorai*
qu'elle contourne.

Ces vallées présentent une particularité remarquable,
c'est qu'à une certaine distance de leur embouchure elles
viennent toutes se buter aux pieds d'un cirque vertical plus
ou moins élevé, du haut duquel la rivière forme cascade.
Si, au prix de mille fatigues, on franchit cet obstacle, on
arrive sur une surface plane, plus ou moins importante, sur
laquelle débouche une nouvelle gorge qui sert de lit à la
rivière jusqu'à ce qu'un nouveau cirque vienne encore en-
traver la marche. Ordinairement la vallée se termine défi-
nitivement ainsi contre un mur vertical de plusieurs centaines de mètres de hauteur, tout à fait infranchissable pour
ceux qui arrivent par le fond de la vallée.

Les choses se passent exactement de cette manière pour
la vallée de Punauia ; si l'on y suit le cours d'eau principal,
celui de Punaauru (11), on rencontre, à une distance de
7.000 mètres environ de la mer, un premier cirque aux parois
verticales : au-dessus, c'est le plateau de *Tomanu* (12),
large de 5 à 6 kilomètres, et dont les contours se terminent
par des berges à pic, des précipices de 3oo à 4oo mètres de
hauteur. Des reliefs aussi inaccoutumés dans l'écorce terrestre, dominés encore à plus de 1.000 mètres par les pics
aigus et nuageux de l'*Aorai* et de l'*Orohéna*, sont un excel-
lent exemple de la manière d'être des roches volcaniques
après que des siècles de dénudation ont passé sur elles ;
aussi, en présence de ce spectacle, le savant Dana, habitué
cependant aux grandioses paysages du Nouveau-Monde,
s'était-il écrié :

« It is in all the world the most instructive and wonderful about volca-
nic rocks. »

Dans cette vallée on rencontre principalement un basalte amygdalaire noir, à rognons de mésotype aciculaire; on y a aussi trouvé un fragment de basalte, sur lequel se dessinait avec une grande netteté l'empreinte d'une fougère qui existe encore dans l'île, ainsi que celle d'un coléoptère; ce curieux échantillon fut donné par celui qui l'avait trouvé à un naturaliste anglais qui se rendait à Melbourne.

Ainsi, lorsqu'on veut parvenir aux sommets des pics intérieurs, il ne faut point suivre les thalwegs des vallées, qui tous cependant prennent cette direction, mais il faut remonter suivant les crêtes à parois si roides qui dominent ces gorges; on s'engage ainsi au milieu d'épaisses broussailles extrêmement difficiles à franchir et le long de crêtes aiguës qui dominent à droite et à gauche des précipices de plusieurs centaines de mètres de hauteur.

Vallée de Maraoa (13). — Nous remontâmes la rivière de Maraoa (13), dont l'embouchure est placée sur la vaste et belle concession agricole de MM. Soares et compagnie; comme toujours, les berges qui surmontent ce cours d'eau sont très-fortement inclinées et recouvertes d'une riche végétation, mais complétement impénétrables sans le secours de la hache; à 6 kilomètre environ, nous étions en présence d'un cirque où le cours d'eau forme cascade; au-dessus c'est un plateau, puis une gorge, puis un cirque, et ainsi de suite.

Nous rencontrâmes surtout des basaltes avec de volumineux cristaux de pyroxène.

Vallée du lac de Vaihiria (14). — A son entrée, cette vallée est assez large et présente un sol très-fertile; au bout de 7 à 8 kilomètres environ, elle se resserre et offre ensuite sur ses flancs une succession de cirques, dont les parois verticales bordent la rivière et obligent à la traverser à chaque instant, d'autant mieux que des chutes d'eau plus ou moins importantes s'élancent du haut de ces cirques. Nous avons ainsi traversé cent douze fois ce torrent; sa pente est très-forte, son lit est couvert de galets ronds et mobiles qui obligent à prêter une grande attention à sa marche, sous peine de glisser et de se voir emporté plus ou moins loin par ces eaux rapides et tumultueuses.

Souvent, vers le centre de la circonférence du cirque, on observe des cônes de 100 à 200 mètres d'élévation, derniers vestiges et témoignages des montagnes qui existaient là autrefois et que les eaux ont rongées à la longue. La rivière contourne ces pains de sucre en se divisant d'habitude en deux bras.

Au bout de cinq heures d'une marche très-pénible, nous étions en un point où la rivière se sépare en deux torrents, qui contournent une muraille de roches élevée et presque verticale, qu'il nous fallait gravir; c'est seulement par infiltrations à travers ce mur que les deux torrents se forment, car, à une certaine hauteur, ils disparaissent totalement. Une multitude de *Feis*, cette banane sauvage si précieuse pour l'alimentation des indigènes, s'élèvent de toute part dans ce lieu abrité comme une véritable serre.

Nous franchîmes cet obstacle en suivant sur notre droite une pente très-roide; nous longeâmes pendant quelques instants une faille à peine large de 1 mètre et qui semblait extrêmement profonde; nous passâmes auprès des débris d'un fort (15) élevé par les Tahitiens à l'époque de leurs guerres contre nous, et c'est dans la faille que je viens de citer que, de peur de profanations de notre part, ils faisaient à jamais disparaître les cadavres des leurs. Mais là n'est pas seulement l'intérêt que présente cette solution de continuité dans le sol; elle nous servira à expliquer la formation d'un lac, dominant ainsi une vallée, à la suite de la chute ou du glissement d'une masse énorme de roche, qui serait ainsi venue se mettre en travers de cette gorge et intercepter le passage du torrent.

Arrivés au sommet de ce pénible passage, nous étions sur un vaste plateau, extrêmement fertile; on traverse cet espace, on remonte pendant quelques instants une croupe ou plutôt une forte ondulation de terrain, on redescend un peu, on sort subitement des fourrés qui cachent l'horizon, et l'on est en présence du lac de Vaihiria (16), élevé de 452 mètres au-dessus du niveau de la mer.

Ce lac occupe la partie inférieure d'un vaste entonnoir, ouvert seulement à peine du côté de la vallée par laquelle on arrive; le long des parois de ce cône renversé, mille cascades éternelles descendent d'un bond jusqu'à ses pieds; les lignes blanches qu'elles tracent dans l'air contrastent vivement avec les couleurs brunâtres de ces berges élevées, qu'assombrissent encore constamment de gros nuages qui se meuvent avec lenteur sur leurs sommets et sur leurs flancs; le mugissement de ces eaux en furie trouble seul cette sauvage solitude et l'on imaginerait difficilement un spectacle qui offre plus de majesté et de grandeur.

Il pleut presque toujours à ces altitudes, ce qui s'explique par le refroidissement qu'éprouvent les couches basses des brises de la mer, toujours à peu près saturées d'eau, lorsqu'elles remontent le long des flancs de ces montagnes où la température est assez basse.

Les bords du lac, à droite et à gauche du point d'arrivée, sont impraticables, et pour se rendre sur l'autre rive, on est obligé de traverser à la nage, à demi supporté par quelques tiges de *Feis* juxtaposées. C'est en évaluant le temps employé par un indigène pour se rendre ainsi sur l'autre bord que nous avons eu une première appréciation sur la largeur du lac. Cet homme mit seize minutes pour passer sur l'autre rive, et il parcourait environ 35 mètres par minute : total, 560 mètres.

Une balle de fusil lancée horizontalement, après plusieurs ricochets, allait bien près de l'autre bord, et nous calculions que la portée de nos balles, dans les circonstances de l'opération, était de 500 à 600 mètres.

La largeur du lac n'est que d'environ 150 mètres.

Pour avoir sa profondeur, je me plaçai avec une sonde à cheval sur deux tiges de *Feis*, réunies par des chevilles de bois ; j'avais ainsi tout le buste hors de l'eau et je ramais avec les mains. J'obtins ainsi les sondages suivants :

A 15 mètres environ du bord. . . . . 4 mètres de profondeur.
A 25 mètres environ du bord. 8   —
A 35 mètres environ du bord. 10   —
A 40 mètres environ du bord. 9   —
A 50 mètres environ du bord. 10   —

A partir de ce moment, les profondeurs du lac n'augmentent que très-lentement, le fond était vaseux. Lors du passage de Dana, sa profondeur au milieu fut estimée à 30 mètres.

Il est tout naturel que cette profondeur soit faible et à peu près uniforme, car .tous les détritus, les roches, les sables, etc., qui y sont entraînés à chaque instant n'en peuvent plus sortir et se superposent dans le fond. Il viendra certainement une époque, qui n'est peut-être pas très-éloignée, où le fond atteindra le niveau actuel ; on n'aura plus alors qu'un marécage qui s'élèvera peu à peu à son tour, jusqu'à ce qu'il puisse se déverser par dessus la croupe, haute d'une quinzaine de mètres, qui le sépare de la vallée. Il serait même fort intéressant de faire périodiquement le relevé de l'épaisseur de la couche alluvionnaire qui a pu se déposer ; on arriverait ainsi à voir approximativement à quelle époque les eaux pourront franchir leurs digues.

Aujourd'hui, grâce à ce petit lac, dont le niveau s'élève dans les grandes pluies et s'abaisse pendant les sécheresses, les plages et terrains cultivables qui appartiennent à la vallée de Vaïhiria ne craignent ni les inondations ni le manque d'eau, avantages qui disparaîtront le jour où ce réservoir naturel déversera directement ses eaux dans la vallée.

C'est donc par évaporation et infiltration seulement que
se réduisent les eaux de ce lac; mais on s'est bien souvent
demandé jusqu'ici d'où provenait une aussi importante
cavité; les uns voyaient là un cratère, mais l'absence de
toute lave, scorie ou cendre suffit pour éloigner cette idée;
les autres pensaient qu'un affaissement du terrain avait
produit cet abîme; enfin Dana, avec plus de raison, y vit
seulement une vallée qu'un immense éboulement avait
barrée. Cette opinion semble bien ratifiée par la séparation
profonde que j'ai pu constater entre la masse rocheuse qui
entrave la vallée et une des parois de celle-ci, et que j'ai
signalée sur le sentier qui conduit sur le plateau du lac;
d'un autre côté, ce vaste amphithéâtre qui entoure le lac
est semblable à ceux qui forment d'habitude le commen-
ment des vallées du côté de l'intérieur.

Si on traverse le lac et que l'on gravisse la chaîne de
montagnes qui le borne au nord, en peu de temps et par
le col d'Uru-Faaa (17), élevé de 884 mètres, on peut passer
dans la plus grande vallée de l'île, celle de *Papenoo* (18),
de là se rendre sur l'autre rive; c'est la seule voie que l'on
pourrait suivre un peu aisément pour traverser l'île.

Les roches que l'on rencontre dans la vallée du lac n'offrent rien de particulier; cependant les hautes montagnes
qui dominent le lac présentent une stratification assez peu
commune dans l'intérieur, la coupe (Pl. VIII, *fig.* 2) en est
une reproduction :

1. Basalte porphyroïde et ferrugineux;
2. Scories avec zéolithes;
3. Basalte porphyroïde et ferrugineux;
4. Basalte cellulaire;
5. Scories à cavités remplies de stilbite;
6. Scories avec arragonite;
7. Scories avec zéolithes;
8. Basalte porphyroïde et ferrugineux, décomposé;
9. Terre végétale et argile;
10. Dike de basalte schistoïde.

On voit qu'un immense dike de basalte incliné court au travers des bancs de ces diverses roches volcaniques, qu'il ne paraît pas avoir dérangées de leur horizontalité. Il arrive encore assez souvent, dans l'intérieur, que les couches de basalte soient séparées par des bancs de scories rougeâtres ou par des wackes.

On rencontre encore autour du lac des fragments épars d'hydrate de fer.

Vallée de Tutaviri (19). — Un peu avant d'arriver à l'isthme et dans le district de Papeari (20), nous remontâmes la vallée de *Tutaviri* (19) ; le sentier suit le bord de la rivière, qui coule sur un lit de basaltes, plus ou moins pénétré de cristaux de pyroxène, péridot, etc. Nous avions surtout entrepris cette excursion pour voir des *requins de pierre*, disaient les naturels. Ce n'étaient que des roches volcaniques de forme bizarre, qui, dans l'imagination seule des indigènes, présentaient quelque analogie avec ces animaux.

Dans le bas de cette vallée, on rencontre au milieu d'une riche végétation, des bambous très-épais et très-élevés qui forment de toute part d'immenses bouquets.

Vallée de Papenoo (18). — C'est la plus vaste de l'île ; elle présente cette particularité remarquable de s'élargir en remontant vers son sommet de façon à entourer dans le centre de l'île un grand espace presque circulaire. Les montagnes qui bordent ce contour, ont une douceur de pente relative vers le fond de la vallée, mais ailleurs elles deviennent presque verticales et inaccessibles.

A une distance de 10 à 12 kilomètres des rivages de la mer, la vallée est barrée par une immense muraille verticale de plus de 300 mètres de hauteur, du haut de laquelle se précipite la rivière ; à droite et à gauche, les parois de la vallée, couverte d'une impénétrable végétation, ne permettent point de poursuivre sa marche. Dans cette vallée, de même que dans celle de Punaauia (10) dont nous avons parlé, on observe plusieurs dikes dont les inflexions sont très-grandes ; ainsi ils passent souvent de la position verticale à la position horizontale, et les tuffs ou autres bancs qu'ils traversent sont seulement frittés sur une épaisseur de quelques centimètres ; leur horizontalité même n'a point été troublée.

Les eaux de la rivière roulent diverses dolérites, qui ont été prises par Dana lui-même pour des *diorites* et même des *syénites* ; ce sont :

1° Dolérites à petits grains blancs verdâtres ;

2° Dolérites stratiformes, à bandes rosâtres et noirâtres ;

3° Dolérites à gros grains noirâtres ;

4° Dolérites à petits grains vert brunâtre ;

5° Dolérite micacée ;

6° Une rétinite quartzifère, porphyroïde, d'un assez beau vert et susceptible d'un beau poli ;

7° Des trachytes phonolites porphyroïdes, à géodes tapissées de cristaux de calcaire et de zéolithes, analcime et stilbite ;

8° Des basaltes cellulaires passant à l'état vitreux ;

9° Des trachytes porphyroïdes avec cristaux de ryacolithe et amphibole, etc. ;

10° Des scories stratiformes à petites cellules d'égale grandeur ;

11° Des wackes porphyroïdes, amygdalaires, brunes, à cristaux de pyroxène et rognons argileux ;

12° Des wackes porphyroïdes, brun verdâtre, cellulaires avec cristaux de feldspath.

Vallée de Matavai ou Tuauru (21). — Dans cette vallée, on observe une muraille basaltique de 100 mètres environ de hauteur, qui est formée de colonnes basaltiques très-nettes ; elles ont environ 15 centimètres de diamètre, leurs joints transversaux ne sont pas réguliers ; elles offrent ainsi de très-remarquables effets de convergence.

A l'ouest de Matavai, auprès de *la colline d'un seul arbre*,

le tuf est coupé par des dikes qui vont au sud et à l'est ;
leur largeur varie entre 1 et 6 pieds. Ils tiennent de petites
cavités, dans *la colline d'un seul arbre*, qui semblent remplies de natrolites ; ils sont aussi un peu pyriteux.

Montagnes et vallées de la presqu'île de Taiarapu (22).—
La plus haute montagne de cette presqu'île est située dans
la région du Niu (23), et s'élève à une hauteur de 1.324 mètres. L'arête qui parcourt cette péninsule dans sa plus
grande longueur offre une nombreuse série de points cul-
minants qui s'élèvent à environ 1.200 mètres. Auprès de
Taravao (24), il existe cependant un plateau assez important, à pente douce, qui présente quelques pâturages, chose
rare dans cette île où le sol est habituellement couvert d'arbres et d'arbustes.

On a encore peu pénétré dans les gorges qui remontent
vers ces sommets élevés ; cependant celle de Teahupo (25)
présente des roches analogues à celles de la grande presqu'île ; ce sont :

1° Des basaltes porphyroïdes, brun violâtre, avec cristaux de pyroxène ;

2° Des basanites gris ;

3° Des basaltes porphyroïdes scoriacés, bruns, à cristaux
de pyroxène ;

4° Des scories lapillaires, rouge foncé ;

5° Des wackes brun violâtre.

Les hautes montagnes du centre paraissent formées de
wackes cellulaires, brun jaunâtre, de pépérites rouge
foncé ; enfin sur les sommets, on trouve de l'hydrate de fer
compacte.

Dans la vallée d'Afaahite (26), les basaltes gris foncé se
présentent en couches puissantes.

DEUXIÈME PARTIE.

Description géologique des falaises, de la plage et de l'embouchure des vallées de l'île de Tahiti.

Nous avons vu qu'une bande de terrain à peu près horizontale fait le tour de l'île; c'est le long de cette plage que la végétation se montre dans tout son luxe ; les forêts de cocotiers, d'orangers, de papayers, les arbres à pains, etc., y forment un dôme élevé et d'épais rideaux de verdure.

Les indigènes s'échelonnent sur cette ceinture fertile ; leurs villages les plus importants se trouvent au point de sa plus grande largeur, c'est-à-dire vers l'embouchure des vallées, tandis que les environs des pointes sont déserts.

La largeur de cette plage varie entre 1 et 3 kilomètres ; son altitude au-dessus du niveau de la mer est en moyenne de 4 mètres ; elle repose souvent sur des bancs de coraux, un voyageur anglais (J. G. Jawkins, *Quarterly journal*, p. 383, 1856), prétend avoir assisté au percement d'un puits auprès de la ville de Papeete, et l'on aurait trouvé, sur une profondeur de 25 pieds, cinq bancs alternatifs de coraux et de cendres volcaniques. « Le même fait, ajoute l'auteur, se reproduit à Oahu, l'une des Sandwich, au pied d'un volcan éteint, nommé le *Bol de pierre*, qui resta plein d'eau jusqu'en 1837, époque où un tremblement de terre le fit disparaître. »

Néanmoins l'alternance des coraux et des cendres à Tahiti aurait probablement besoin de confirmation, d'autant mieux que M. Yawkins prétend encore avoir trouvé, en gravissant les sommets de l'île, *plusieurs bancs de coraux* alternant avec des matières volcaniques; tandis que les autres explorateurs — à part quelques blocs de coraux isolés trouvés dans certaines vallées — n'ont jamais pu, malgré leurs recherches, mettre la main sur un seul banc régu-

lier de coraux anciens ; d'où l'on pourrait raisonnable-
ment conclure que les coraux isolés dont il s'agit (et ce
fait lui-même, qui est seulement à l'état de légende, n'a
jamais reçu de confirmation sérieuse) ont été apportés par
la main des hommes, et que le voyageur anglais aura
pris dans la montagne, pour des coraux, quelques bancs
de roches volcaniques cellulaires pseudo-cloisonnés. Le
puits dont il est question a dû rencontrer çà et là quelques coraux épars au milieu des alluvions, et enfin le banc
de corail sur lequel toute la couche s'appuie habituellement.

. L'élévation au-dessus du niveau de la mer, des coraux
sur lesquels repose la plage, semble être seulement de 40
à 50 centimètres, ce qui est bien loin des changements de
niveau que nous avons observés dans la plupart des autres
îles ; cependant je signalerai ici une observation importante
qui me fut faite par M. Bonet, chef d'état-major à Tahiti,
c'est que *depuis* 1861 on a constaté un abaissement certain
de l'île de Tahiti ; ainsi le chemin par lequel on se rendait
de Pueu à Tautira (39), dans la presqu'île, se trouve aujourd'hui complétement immergé dans le voisinage de
Tautira, et l'on a dû en creuser un nouveau dans le roc.
Ce ne peut-être ici la dénudation qui, en un si court espace
de temps aurait fait disparaître l'ancien chemin, puisqu'il
était aussi taillé dans le roc.

Une deuxième preuve de cet abaissement de l'île, c'est
qu'à la pointe Vénus (47), un petit phare qui avait été
élevé *en* 1850, à 50 mètres environ du bord de la mer, a
été envahi par ses eaux, et l'on en a dressé un nouveau ; il
est vrai de dire que dans ce point la plage ne présente qu'une
pente très-douce.

Nous allons maintenant partir de Papeete, le chef-lieu, et
faire le tour de l'île et de la presqu'île, en suivant un sens
inverse de celui des aiguilles d'une montre.

En quittant *Papeete* (9), la bande de terrain, d'abord

étroite, va en diminuant jusqu'à la pointe de Faaa (27) où elle est nulle. Avant d'arriver à cette pointe, on rencontre une carrière de laquelle on extrait presque tous les moellons employés pour les constructions de la ville. Cette roche se compose d'une pâte feldspathique grise, souvent en décomposition et enveloppant de petits cristaux de pyroxène. Aux promontoires de Taharaa et de Tataa (28), les couches de conglomérats, de tuffs, entremêlées de débris de coraux, ont cela de particulier qu'elles plongent vers l'intérieur de l'île.

A la pointe de Faaa, le chemin est taillé dans les flancs d'une colline qui borde la mer, et qui est constituée par une scorie rouge, ferrugineuse, qui, par sa décomposition, produit une argile rougeâtre, mêlée de parties grises ; au milieu de ces argiles ou wackes, sont des portions sphéroïdes plus dures, dont la décomposition est moins avancée.

Les mêmes roches se retrouvent au village de Faaa. Ici la bande de terrains est plus large, mais, au delà du village, elle va se rétrécissant ; le chemin est de nouveau taillé dans des collines, dont le pied est baigné par la mer et qui sont formées par une scorie à pâte rouge et à cristaux de pyroxène. Par la décomposition de son feldspath, cette scorie donne des argiles très-rouges, très-ferrugineuses, servant en ce moment à fabriquer des briques dont la qualité est très-inférieure. Les moyens employés pour la confection de ces produits ne sont peut-être pas bien appropriés à la nature de l'argile, peut-être aussi l'excès de fer et de matières grenues s'oppose-t-il encore à leur cohésion. Les bancs non décomposés de cette scorie fournissent une pierre à bâtir assez généralement employée ; elle est facile à tailler, mais peu résistante et par suite de peu de durée.

On suit après cela une plage sablonneuse jusqu'au village de *Punaauia* (29); le long de cette route, les montagnes, bien que couvertes d'une riche végétation, offrent des pentes très-roides se repliant souvent en forme de cirque. A partir de Punaauia, la bande de terrains se continue assez large jusqu'à Maraa (3o), en traversant les sables et le district de Paea (31). A Maraa (3o), les montagnes arrivent jusqu'au bord de la mer et présentent d'abord une échancrure intérieure, circulaire et verticale de 15o mètres environ de hauteur. Aux pieds du cirque ainsi formé sont deux grottes dont la première, la plus remarquable, à une profondeur de 1oo mètres environ. Elle est remplie d'une eau assez profonde qu'alimentent de nombreuses infiltrations qui tombent en pluie des parois de la voûte sur laquelle les eaux ont déposé un tapis d'un calcaire terreux, ferrifère, coloré en rose par des matières végétales probablement. Intérieurement, cette grotte a la forme d'un demi cône à large base dont le sommet est le fond de la grotte et la base son ouverture ; cette disposition produit un effet d'optique remarquable, c'est-à-dire que l'observateur, placé à l'entrée de la voûte, croit voir le fond de la grotte à une distance très-courte, et il est tout étonné qu'en jetant devant lui une pierre avec force, bien loin d'atteindre le fond de la caverne, le projectile tombe à peine au milieu de cette distance.

La seconde grotte est semblable à la première, si ce n'est qu'elle est plus petite et qu'au lieu d'eau limpide elle renferme une eau bourbeuse.

De Maraa à Papara (32) et de là Atimaono (33), la bande de terrain s'élargit de plus en plus ; dans ce dernier point elle atteint une largeur de 3 kilomètres environ ; c'est sur cette plaine fertile que sont établies les vastes plantations dont nous avons déjà parlé.

D'Atimaono (33) au village de Papeuriri (34) la bande de terrain est encore assez large, et l'on rencontre les mêmes roches volcaniques que nous avons signalées.

Entre Papéuriri et Papeari (20), la plage est coupée par une pointe qui s'avance jusqu'à la mer ; un peu plus loin on voit surgir du sol des sources nombreuses et assez abondantes pour donner subitement naissance à une petite rivière; les indigènes pensent que ces eaux viennent du lac de Vaihiria; mais le long de ces rivages on rencontre fréquemment des sources semblables, bien qu'elles soient moins importantes, et l'on peut simplement attribuer leur origine à l'infiltration facile des eaux au travers des bancs de roches cellulaires, caverneuses, si abondantes au milieu des montagnes de l'intérieur. Plusieurs de ces sources sont ferrugineuses et laissent déposer de grandes quantités de peroxyde de fer; leur température est de 22° et le dégagement d'acide carbonique doit être très-faible, car on ne le remarque pas.

Au delà de ces sources, la plage s'élargit considérablement, et l'on commence à apercevoir en face de soi la presqu'île aux montagnes régulièrement inclinées.

A Papeari (20) le sol s'étend, vaste et fertile, aux pieds de la vallée de Tutaviri (19).

Au sortir de Papeari, sur la route de Taravao (24), on rencontre à Tefaau (35) des argiles provenant de la décomposition d'une roche-feldspathique, qui affecte la forme sphéroïdale; on y distingue des cristaux de péridot, de couleur jaune et déjà à demi transformés en argile; de petits filons d'un silicate magnésien blanchâtre, translucide, onctueux, découpent les bancs de cette roche.

Des argiles rouges, semblables à celles que nous avons vu employer pour la fabrication des briques, recouvrent les bancs de cette roche.

L'isthme de Taravao (24) a 2.200 mètres environ de largeur; dans son milieu il présente un col assez bas qui réunit les deux péninsules; ce col est principalement composé de wackes et d'argiles assez tendres; c'est, au reste, à la suite de la transformation en argiles des roches volcaniques de cette partie de l'île que cet isthme s'est formé, car les eaux ont pu facilement, à la longue, entraîner dans leur cours les argiles provenant de cette décomposition.

L'isthme contient encore un basanite porphyroïde gris, à

cristaux de pyroxène et d'amphibole; enfin, des couches d'un hydrate de fer globulaire brun.

Poursuivant notre excursion autour de la presqu'île, nous visitâmes d'abord les collines qui s'élèvent au-dessus du marais de *Mitirapa* (36); nous les trouvâmes composées de couches puissantes d'un basalte gris foncé. De Taravao à Vairaoo (37) la plage est étroite; dans ce dernier point et dans la vallée, on rencontre des bancs d'un basalte scoriacé noir, avec péridot, de peu d'épaisseur et inclinés; ils alternent avec d'autres roches.

Au promontoire de Ririi (38) on traverse des argiles grises, abondantes, qui semblent avoir été soumises à une forte chaleur et s'être fendillées sous son action; ce ne sont autre chose que des wackes, que l'on avait pensé à employer comme kaolin; elles sont facilement fusibles au chalumeau en un émail noir. A ces argiles succèdent des blocs arrondis et de transport d'un feldspath blanc grisâtre assez pur, mais aussi en décomposition. Plus loin, la route coupe un morne qui est formé de la roche précédente en place; elle affecte la forme sphéroïdale; sa couleur est variable et passe du blanc sale au gris clair; elle est parcourue par de nombreuses fissures par lesquelles se sont infiltrées des matières ferrugineuses qui altèrent encore la coloration naturelle de la roche.

En quittant ce point, nous nous trouvâmes en face des plus importants agglomérats volcaniques que nous eussions rencontrés jusqu'ici : c'étaient des poudingues assez grossiers, passant parfois à des pépérinos à grains fins; la direction des premiers bancs est le N.-O. : S.-E.; leur inclinaison est 3o° N. Au bout de quelques centaines de mètres, les inclinaisons de ces roches changent, tout en conservant la même direction; elles inclinent alors vers le sud. Ce qui offre une nouvelle preuve des mouvements auxquels ces bancs ont été soumis, c'est qu'ils sont ondulés en différents points; ailleurs ils sont coupés par des failles.

Les agglomérats à gros grains contiennent des fragments assez volumineux des basaltes porphyroïdes à cristaux de pyroxène, si fréquents dans toute l'île où ils dominent de beaucoup toutes les autres roches. Les éléments de ces conglomérats étaient plus gros que ceux que nous avons eu jusque-là l'occasion d'observer et qui ne dépassaient pas un diamètre de 0^m,08 à 0^m,10.

Les pépérinos à grains fins ont ici des éléments très-arrondis, tandis que dans d'autres points de l'île leurs angles sont vifs, surtout ceux qui ne sont point sur les rivages; ces pépérinos arrivent quelquefois à n'être simplement qu'un tuff terreux qui ne contient dans sa masse que des cristaux isolés de péridot ou de pyroxène.

Ces agglomérats sont cellulaires et leurs cavités sont ordinairement remplies par des concrétions calcaires; dans l'une d'elles, nous trouvâmes les débris d'un végétal, à peu près indéterminable; il est probable que des fouilles au milieu de ces bancs amèneraient la découverte de fossiles assez bien conservés pour permettre d'assigner peut-être une date à leur formation.

Ces agglomérats, du côté de l'intérieur, s'appuient sur les roches éruptives et ne se montrent au-dessus de la mer que sur une petite surface, formant en cet endroit une sorte de pointe.

Faute de temps, nous n'avons pu exactement établir quelle était la roche qui avait ainsi soulevé et disloqué ces agglomérats; mais l'abondance des basaltes dans cette région nous fait penser que c'est à ces roches qu'il faut l'attribuer.

Le basalte commun semble plus abondant sur cette presqu'île que sur l'autre, et ses débris y jonchent souvent les rivages; dans ces parages, les sables sont aussi fort riches en fer oxydulé et en fer titané; le premier, en cristaux octaédriques, fait étinceler le sol sous la lumière du soleil. On rencontre le même sable dans plusieurs autres districts de l'île, et il est à remarquer que dans les points où il existe, la plage, non protégée par une ligne de récifs, est constamment battue par les lames ; le sable est blanc, au contraire, lorsqu'une barrière de corail garantit le rivage des assauts de la mer ; je pense que cet état du sable provient de ce que, dans le premier cas, les sables étant lavés par les lames, les grains pierreux, de plus faible densité, sont entraînés et que les autres, bien plus lourds, restent sur place, noircissant le sol par leur abondance.

Comme dans la plupart des pays volcaniques, à Tahiti, les roches basaltiques et certaines scories sont tellement chargées de fer oxydulé que les observations au moyen de la boussole sont considérablement troublées ; à cet égard, je citerai une remarque qui me fut faite pendant mon séjour dans l'île par M. Kulczycky, l'auteur de la carte même du pays, à savoir que, sur les cols qui relient des montagnes entre elles, l'aiguille aimantée indique subitement des variations de 20° à 22°. Cet ingénieur donne pour cause à ce phénomène la présence de courants électriques qui suivraient ces cols et auraient une intensité suffisante pour produire sur l'aiguille la déviation remarquée. Des déviations analogues observées dans d'autres contrées et particulièrement dans l'île de Santorin, ont été attribuées, d'une manière exclusive, au fer oxydulé des roches ; si cela était, il me semble qu'en faisant le tour des pics, l'aiguille tendrait à dévier toujours dans la direction du pic, tandis qu'il n'en est pas ainsi. Je pense donc que des déviations aussi fortes de l'aiguille doivent être attribuées surtout à des courants électriques.

Dans le village de Teahupoo (25), nous trouvâmes chez un colon français, nommé *Darcin*, un instrument qui attira de suite notre attention par la nature de la pierre dont il était composé ; il s'agissait d'un *penou*, sorte de gros marteau sans manche, que l'on trouve dans toutes les cases des indigènes auxquels il sert pour écraser des fruits ou des racines; d'habitude, cet instrument est taillé dans un fragment de basalte, tandis que celui que nous avions sous les yeux était fait d'un beau marbre blanc, légèrement cristallin. Malgré les nombreuses questions que nous adressâmes aux gens du pays sur l'origine de ce *penou*, il ne nous fut pas possible d'obtenir un éclaircissement quelconque; sa forme était exactement celle de tous les marteaux de ce genre. Provenait-il encore de quelque terre voisine aujourd'hui abîmée sous les eaux? A-t-il été apporté d'un autre archipel dans lequel le marbre existait? Cette dernière opinion nous sembla d'abord la plus probable, d'autant mieux que les Tahitiens ont de nombreuses relations avec les îles voisines, les Marquises par exemple, et que dans les îles Houa-Pooa, placées au nord-ouest de cet archipel, on a signalé des éléments autres que les produits volcaniques; *des aiguilles élevées de pierre blanche; des roches grises en couches parallèles, inclinées à l'horizon et d'autres horizontales* (*). Mais, en réfléchissant davantage à cet instrument de calcaire, j'ai pensé qu'il n'est pas autre chose qu'un marbre coralligène, tel que nous avons vu qu'il en existait dans l'île Metia, de l'archipel des Pomotou, voisin de Tahiti et en relation avec elle. J'ajouterai cependant que ce marbre est fort beau et pourrait, s'il est abondant, devenir l'objet d'une exploitation commerciale.

A partir de Teahupoo (25) jusqu'à Tautira, la bande de terrains est à peu près nulle; les montagnes offrent une série de pics très-aigus, isolés quelquefois ou se reliant par des chaînes aux contours bizarres; je citerai parmi ceux-ci le pic *uré* (61) (*hominis phallus*, c'est ainsi que le nomment les naturels dans leur langage imagé et naïf); cette aiguille a environ 40 mètres de hauteur, et domine la chaîne centrale de la presqu'île, élevée elle-même en ce point de 1.200 mètres environ (Pl. VIII, *fig.* 3).

____

(*) Relation du capitaine Marchand, 1791. — Iles Marquises : Vincendon Dumoulin et Desgraz, pages 156 et 158.

A 150 mètres environ du rivage, un peu avant d'arriver au sud de la presqu'île, dans un terrain marécageux, on rencontre la grotte de *Vaipoiri* (eau sombre) (60), elle semble formée par un bloc énorme de rocher, éboulis de la montagne voisine, qui aurait roulé dans une vaste excavation du sol, qu'il ne remplit que partiellement, car, entre le bloc et l'excavation s'ouvre une large crevasse, qui descend à pente assez roide pendant une longueur de 10 mètres environ; là on se trouve en présence d'une pièce d'eau de 50 mètres de longueur sur 20 mètres de largeur; cette eau souterraine est potable et très-fraîche; les fils de rois, dit la légende, venaient autrefois s'y baigner, aussi en aurait-elle conservé la propriété de dégager de la lumière, lorsqu'elle est agitée avec un bâton; les indigènes ne manquent donc pas de battre l'eau en arrivant dans le fond de la grotte, et c'est à cette précaution qu'ils attribuent de pouvoir distinguer les objets environnants après quelques minutes de séjour dans cette grotte obscure.

Au sud de la presqu'île la mer vient briser avec une très-grande force contre la base des montagnes qui longent la mer; le passage par terre est alors à peu près impossible, et par mer il offre aussi beaucoup de danger, car la violence des lames est telle que la plus petite erreur du pilote peut briser l'embarcation sur les rochers.

Peu après avoir doublé la pointe sud, on se trouve en présence d'un enfoncement dans les rochers, nommé *Terurua* (40); la montagne est formée de coulées de basalte porphyroïde avec cristaux de pyroxène.

Dans la partie est de la presqu'île s'élève un cône nommé *Malaorio* (41), il a 700 mètres de hauteur et se fait remarquer par la face abrupte qu'il présente à la mer.

Sur cette côte jusqu'à l'isthme, ce ne sont plus que cônes plus ou moins élevés, arrondis ou triangulaires, ils se présentent souvent par séries, juxtaposés, appuyés contre une chaîne dont la ligne de faîte est parallèle à la ligne qui joindrait leurs sommets; des cols de différentes hauteurs les relient à la chaîne principale, tandis que dans le fond des gorges qui les séparent, passent des ruisseaux torrentueux qui prennent naissance dans les montagnes du second plan.

Cette régularité dans le relief de cette presqu'île semblerait être un signe de son homogénéité de composition.

Si, de la mer, et à une faible distance de la côte orientale de l'isthme de Taravao, on regarde les deux presqu'îles, elles font l'effet des deux ailes immenses d'un oiseau, dont le corps serait l'isthme lui-même, et l'on est prêt à s'étonner de la régularité de ces lignes générales des contours de pays aussi accidentés.

Nous allons maintenant partir de l'isthme et remonter vers le nord en suivant la côte orientale de la grande presqu'île, qui est la moins riche et la moins intéressante de l'île (*).

En quittant *Taravao* (24), la plage est étroite, les montagnes viennent souvent se précipiter dans la mer en une falaise verticale; l'une de ces murailles, qui présente une sorte d'échancrure nommée one-poto (sable court, plage étroite) (42), montre assez exactement la constitution du sol dans cette partie de l'île; ce sont des lits superposés sur une assez grande hauteur, légèrement inclinés, et se composant de couches alternatives de basaltes, de scories, de cendres, etc., d'une épaisseur peu considérable. On constate qu'il y a eu souvent des temps de calme entre les moments où deux de ces lits successifs se sont déposés, car

---

(*) Les plages principales sont sur la côte occidentale où les vents alizés de l'est envoyaient les cendres pendant les éruptions. — Ce qui nous montre qu'à ces époques anciennes les vents avaient la même direction. Ce fait pourrait encore nous expliquer pourquoi ces terres volcaniques s'allongent généralement du sud-est au nord-ouest, qui est exactement la direction des vents alizés dans ces parages.

4

leur surface est ordinairement découpée, comme si des
courants d'eau ou de lave avaient passé sur elle pendant
longtemps ; les autres roches fondues sont ensuite venues
se mouler sur ces creux et des lits de galets, de pépérinos,
font aussi partie du système. A la base est une scorie rou-
gie par le fer, qui a dû aussi subir l'action des courants à
en juger par les ondulations que présente sa surface.

Les formes des montagnes sont ici très-nettement accu-
sées; des cônes effilés et isolés se dressent souvent encore
au milieu des vallées.

A Hitiaa (43), la nature du sol ne nous offre rien de particulier, quelques wackes se montrent sur les hauteurs.

A Tiarei (44), les basaltes porphyroïdes à cristaux de
pyroxène, offrent une plus grande ténacité ; leur surface
n'est point dans cet état terreux qu'amène la décomposition ;
dans ce district, ainsi qu'à partir de Tiarei, nous n'eûmes
pas à remarquer autre chose que des coulées basaltiques,
des couches de cendres, scories, etc. A Papenoo (18), cependant, des coulées de lave indiquaient une éruption plus
moderne et, peut-être, le voisinage d'un cratère ; il en fut
de même en arrivant au village d'Haahape (45), où je me
serais cru auprès d'un cratère ; aussi nous y rencontrâmes
une galerie (46) souterraine que je n'oublierai point de
signaler ; elle est située dans le voisinage de la pointe Vénus (47) qui est celle où, pour la première fois les Européens débarquèrent dans l'île. Au moment de notre passage,
cette grotte était encore ignorée des blancs et à peine con-
nue des indigènes, cependant elle s'ouvre au jour dans un
mur vertical de cendres, de scories et de laves superposées, qui dominent directement le chemin de ceinture de
l'île; l'ouverture de cette cavité étant à 9 mètres du sol,
nous n'y parvînmes qu'en nous hissant à force de bras le
long d'une forte liane qu'un de nos guides était allé atta-
cher au tronc d'un petit arbre qui pousse justement au-
dessus de l'entrée; nous n'y pénétrâmes qu'après nous être

munis de lumières, de cordeaux, pour mesurer les longueurs, et d'une boussole.

L'entrée de la grotte est elliptique et formée d'un tube annulaire d'une scorie noirâtre de $0^m,30$ environ d'épaisseur; la compacité de cette scorie la ferait ressembler à un basalte, mais sa composition ne diffère probablement pas de celle des scories qui, intercalées avec des laves et des pépérinos, en composent le pourtour, ainsi que la colline dans laquelle s'enfonce la galerie; il est probable que cette texture compacte, dont jouit cette paroi de la grotte, lui a été donnée par les circonstances particulières de pression, de chaleur, etc., dans lesquelles elle a dû se trouver depuis que la galerie a commencé à se former.

Les dimensions à l'entrée sont $1^m,90$ de largeur et $0^m,60$ de hauteur, les contours sont si réguliers qu'on pourrait croire qu'ils sont l'œuvre de la main des hommes; les parois intérieures sont polies comme à la suite d'un long frottement et, dans certains points, recouvertes d'un vernis qui accuse un commencement de fusion; ce long tube s'est aussi fendu en plusieurs endroits, à la suite de mouvements du sol ou bien sous les actions successives de chaud et de froid qu'il a subies.

Le sol de la galerie est recouvert d'une mince couche de scories qui se sont condensées là vers la fin de l'éruption; elles sont d'un brun jaunâtre, un peu caverneuses, arrondies, cannelées et offrent une grande ressemblance de couleur et de forme avec les laitiers qui s'écoulent des hauts fourneaux au coke, dans certains cas de mauvaise allure; elles sont recouvertes en beaucoup d'endroits d'une croûte blanche plus ou moins épaisse, d'un silex opalin. D'après M. Fouqué, certaines laves de l'île de Santorin présentent le même fait.

Le sol sur lequel se mouvait ainsi ce ruisseau de roches fondues présente une inclinaison qui varie entre $5°$ et $10°$. Voici des dimensions prises en différents points de ce souterrain : A l'entrée la galerie se dirige N. 45° E. ; sa largeur est de 1^m,90, sa hauteur 0^m,60. A 8 mètres de profondeur, la direction n'a pas changé ; la largeur est de 3 mètres, la hauteur 1^m,50. A 18 mètres la largeur est 1^m,50, la hauteur 1^m,20. Le sol est de la lave figée, le contour une scorie fendillée. A 45 mètres la hauteur, qui s'était élevée à 2 mètres, est revenue à 1^m,20 ; la largeur n'a pas changé, la direction est N. 30° E. A 55 mètres la galerie tourne au N. 60° E. subitement ; au coude formé par cette inflexion, les laves se sont condensées sur une plus grande épaisseur. A 82 mètres le sol de la galerie est couvert d'un magma de laves qui n'ont point voulu couler. A 126 mètres la hauteur est de 2^m,50, la largeur de 2 mètres. A partir de cette distance, la galerie forme parfois des chambres énormes ; sur le sol sont amoncelés des blocs de roches tombés du toit. A 200 mètres la hauteur n'est plus que de 0^m,45, la largeur de 1^m,20.

J'avais dans ces derniers points une peine énorme à circuler avec mes instruments ; la température était extrêmement élevée, et je regrette de n'avoir pu faire d'observations à cet égard. A cette distance l'air semblait pur, et en laissant nos flambeaux immobiles, on observait que la flamme avait une légère tendance à s'incliner vers le fond encore inconnu de ce souterrain ; il est donc probable qu'il communique avec un cratère plus ou moins important, qui déboucherait à une certaine distance de là dans les montagnes inexplorées et à peu près inabordables de l'intérieur.

Auprès du dernier point où nous parvînmes dans cette galerie s'élevait une petite pyramide de 1^m,20 environ de hauteur, adossée contre les parois et formée de pierres superposées. Nous crûmes d'abord que c'était le résultat d'un éboulement de la voûte, mais en regardant de plus près, il nous fut facile de reconnaître que nous étions en face d'un travail humain et d'un *maraë*, ou monument que les Tahitiens élevaient à leurs dieux.

Au retour, examinant avec plus de soins les vastes chambres dont j'ai parlé, et dues selon toute apparence à des éboulements, nous remarquâmes qu'on y avait encore élevé contre les parois de petites pyramides. Le temps nous manquait pour fouiller ces témoignages, malheureusement muets, du passage des hommes et y chercher des instruments ou débris qui pussent jeter un peu de lumière sur leur histoire si obscure. Je dois aussi ajouter que grâce à l'imperfection des instruments que j'avais pu emporter dans ce voyage souterrain, que je n'avais pas prévu, les chiffres que je donne ne doivent être considérés que comme approximatifs.

En recherchant dans les annales géologiques des exemples de galeries semblables, c'est-à-dire, ayant servi de passage à des laves, je n'en ai trouvé de vraiment importantes dans aucun pays, si ce n'est dans l'Océanie elle-même et dans des îles qui ne sont point très-éloignées du pays qui nous occupe, et comme leurs descriptions qui ont été faites par des auteurs américains n'ont pas été toutes publiées en français, j'en dirai quelques mots ici, qui suffiront à montrer, je pense, l'analogie que je veux établir.

Les rapports du Rév. Titus Coan, missionnaire américain, dont j'ai cité le nom au sujet d'une *éruption aux îles Sandwich*, nous ont appris que dans ce même groupe, le cratère de *Kilauea* ne rejette point par-dessus ses bords les laves qui lui arrivent des profondeurs de la terre, mais qu'elles s'écoulent par un canal souterrain. Ce fait d'un courant de roches fondues se mouvant sous le sol, fut confirmé lors de l'éruption de juin 1840, décrite par le R. Titus Coan dans le *Quarterly journal*; cet observateur constata, sur une grande distance, la marche souterraine de la lave à une profondeur qui atteignait parfois 300 mètres au-dessous de la surface du sol. Ce fleuve de feu passait dans le fond de cratères éteints, dont il éclairait les parois d'une vive lueur ; enfin il se fraya une issue à 43 kilomètres de son point de départ et à une hauteur qui, d'après les rapports du capitaine Wilkes, aurait été de 58o mètres au-dessus du niveau de la mer; 19 kilomètres plus loin, ce courant, qui marchait maintenant à ciel ouvert, se précipitait dans l'Océan du haut d'une falaise de 15 mètres; il coula ainsi pendant trois semaines.

Second exemple. — Le petit archipel des Samoa, dirigé N.-O. : S.-E. et situé à l'ouest de l'archipel Tahitien, est aussi volcanique; dans une des îles de ce groupe nommée *Upolu*, on rencontre sur sa côte occidentale plusieurs galeries formées par des laves; quelques-unes s'ouvrent à la surface de la mer, d'autres un peu au-dessous; enfin le sol résonne souvent sous les pas des promeneurs, leur indiquant qu'ils marchent sur une cavité (*).

L'une des plus remarquables de ces cavernes est située sur la côte sud de l'île, à 8 ou 9 milles de son extrémité occidentale; son entrée est à 1 mille 1/2 dans l'intérieur des terres, et n'est autre chose qu'un puits vertical de 25 pieds de hauteur, qui s'est apparemment formé à la suite d'un éboulement du toit de la galerie, qui en cet endroit a 15 pieds d'épaisseur.

A l'intérieur, la galerie était voûtée et de forme régulière ; sa largeur était de 15 pieds, sa hauteur de 8; elle descendait vers la mer dans la direction du sud; on la suivit pendant 908 pieds: là, l'eau atteignait le toit et arrêtait les explorateurs.

La surface du toit de ce souterrain était polie, mais en certains points il s'en allait en plaques de 1 à 10 pouces d'épaisseur.

Le sol était longitudinalement découpé par des sillons qui s'étaient formés lors du passage de la lave; leur dispotion était aussi régulière que celle des rails sur leur bal-last (Dana).

(*) Dans la grotte de *Terurua* (4o) que j'ai signalée dans la presqu'île méridionale de Tahiti, le sol résonnait ainsi sous nos pas.

La galerie que nous trouvâmes à Tahiti présente avec
celle-ci de nombreuses analogies ; seulement elle est surmontée par une épaisseur de roches bien plus considérable,
car la montagne dans laquelle elle pénètre avec une inclinaison de 5 à 10°, s'élève elle-même avec une pente de
40° environ ; aussi la galerie doit bientôt être recouverte,
comme celle des Sandwich, par plusieurs centaines de
mètres de rochers.

Au sujet de la façon dont ces galeries ont pu se former
dans le principe, je citerai l'exemple suivant qui en donne
une idée assez exacte et qui se rapporte à une éruption du
Vésuve en 1779, décrite par sir W. Hamilton :

« ...Les laves arrivées au bas de la partie abrupte de la
« montagne, s'y creusaient des canaux aussi réguliers que
« s'ils eussent été faits par les hommes. Après l'éruption,
« ces conduits de lave avaient o^m,60 à 1^m,50 et même 2 mè-
« tres de largeur ; leur profondeur était de 2^m,35 à 2^m,70 ;
« ils étaient souvent cachés à la vue par des scories qui
« formaient une croûte à leur surface. Le sol et le toit, les
« parois latérales de ces galeries couvertes étaient parfai-
« tement lisses et de niveau. »

Des galeries semblables, recouvertes ensuite par une série
de roches volcaniques superposées, forment les conduits
souterrains que nous avons vus, et c'est par là que s'é-
chappe parfois toute la lave. Mais, lorsque la quantité de
lave qui arrive devient tellement considérable que la galerie est trop petite pour leur donner passage, elles s'élèvent
alors dans le cratère et l'excès s'écoule par-dessus ses bords ;
à ce moment, il arrive encore que les laves, par leur énorme
pression hydrostatique sur les parois de la galerie, jointe
à leur grande chaleur qui ramollit et fond peu à peu les
parois du canal souterrain, agrandissent cette section jusqu'à
ce qu'elle puisse livrer passage à toute la lave. D'autres fois
les choses se passent d'une façon moins calme ; la pression
des laves qui se sont élevées dans le cratère, fait céder les

parois de la galerie jusqu'à ce que le flot de roche fondue
puisse trouver une ouverture suffisante pour s'écouler. C'est
ce que l'on observa aux îles Sandwich dans le cratère dont
nous avons déjà parlé; l'ancienne galerie par laquelle s'é-
chappaient jusqu'ici les laves devint trop petite : celles ci
s'élevèrent dans le cratère, depuis leur ancien niveau jusqu'aux bords extrêmes de ce vaste cône; ce qui représen-
tait une hauteur de 3oo mètres. La pression était alors
devenue immense sur les parois de la galerie qui durent
bientôt céder; elles se disloquèrent, se brisèrent, enfin
s'élargirent jusqu'à ce qu'elles fussent de dimensions suffisante pour recevoir tout le courant de laves, permettant
ainsi à ces matières fondues de reprendre leur ancien niveau
dans le cratère. Ces dislocations souterraines furent même
si fortes, qu'elles se firent sentir en divers points jusqu'à la surface du sol, qui était soulevé sur de longues dis-
tances.

Nous avons vu que la direction du canal souterrain de
Tahiti était à peu près le N.-E., ce qui le conduirait encore
vers le centre où convergent toutes les vallées.

En sortant de cette galerie et de retour au village voisin
des indigènes, nous fîmes appeler les hommes les plus
vieux du pays, et voici ce que nous pûmes obtenir sur ce
canal souterrain :

Cette galerie déboucherait du côté de l'intérieur en un
lieu nommé *Taufa*, à une distance de 1.ooo mètres environ;
personne, à leur connaissance, n'est jamais allé constater le
fait, et c'est la tradition seule qui en parle.

Ce vague renseignement, accompagné, suivant l'ordinaire, d'une légende sur la grotte, était tout ce que nous
pûmes apprendre. Nous n'avions pas le temps de vérifier
leur assertion en ce qui concerne la sortie de ce souterrain;
cette recherche serait, du reste, très-pénible à cause de la
végétation si fourrée qui recouvre toute la montagne, mais
elle offrirait tant d'intérêt que j'engage vivement à la faire,

ceux qui, séjournant dans le pays, peuvent consacrer quelques jours à une semblable exploration.

En quittant Haapape (45), nous n'eûmes rien à signaler sur notre route qu'une certaine abondance de wackes et de scories; à Paparoa (48), se montre de l'hydrate de fer, tantôt globulaire, tantôt pulvérulent, brunâtre ou en grains.

Nous terminerons cet aperçu sur la constitution géologique de cette colonie française, en disant quelques mots sur la décomposition des roches qui forment sa surface et dont les produits fournissent l'humus des plages et des vallées.

Les basaltes à cristaux de pyroxène et de péridot, qui sont de beaucoup les plus abondantes roches de cette île, sont sujets à une prompte et profonde désorganisation; leur surface conserve pour l'œil, le plus souvent, ses formes primitives; les cristaux semblent encore brillants et solides, mais sous un choc, une pression, tout cela s'efface en une terre noirâtre. Le péridot, voisin de l'état de décomposition, acquiert une couleur brillante et métallique.

Le sol qui provient de ces décompositions est tantôt jaune, rouge ou brun, et nous avons parlé de sa fertilité extraordinaire.

III. *Ile Mooréa.* — Celle île, que l'on voit sur la carte dans le voisinage de Tahiti (*fig.* 4), est de forme triangulaire; elle partage tout à fait la constitution géologique que nous venons de décrire; ce sont les mêmes basaltes avec cristaux de pyroxène et de péridot, les mêmes wackes et scories, etc.; cependant les scories noires et cellulaires sont les plus abondantes.

Nous y signalerons encore une source d'eau ferrugineuse qui dégage de l'acide carbonique avec une grande effervescence et dépose un abondant précipité boueux, ferrugineux.

Les pics de cette île sont plus hardis et plus abruptes

encore qu'à Tahiti ; il en est qui, sur les bords de la mer, descendent verticalement de 750 mètres.

Ile Rapa. — C'est Vancouver qui découvrit Rapa en 1791 ; mais, pas plus que les visiteurs qui lui succédèrent, il ne donne de renseignements sur la constitution géologique de cette île, et l'on serait probablement demeuré longtemps sans en avoir si un des indigènes qui l'habitent, arrivant à Tahiti en 1867, n'eût informé le représentant du gouvernement français dans cette île, qu'il existait des gisements de houille à Rapa.

Une semblable nouvelle était bien faite pour éveiller l'attention, et afin de la vérifier, on envoya sur les lieux M. Méry, officier d'artillerie, qui, ainsi que je l'ai déjà dit, avait bien voulu m'accompagner pendant toutes mes excursions à Tahiti. Un autre intérêt s'attache encore à cette île : c'est que depuis peu elle sert de station aux navires de la compagnie des paquebots de Panama à Wellington (Nouvelle-Zélande) ; un dépôt de charbon y est établi. La France y a aussi arboré le pavillon de protectorat, elle y a installé un résident.

Le rapport de M. Méry sur cette intéressante question fut publié dans le *Messager de Tahiti* (n°s 9 et 11, 1867) ; enfin, j'ai eu récemment l'occasion de voir cet officier qui, depuis peu, est de retour en France ; il me montra quelques échantillons de Rapa, et c'est à la suite de mes entretiens avec lui, de la lecture de son rapport, que je donnerai le court aperçu qui va suivre sur l'île Rapa.

Rapa est située par 27°,38 de latitude sud et 146°,30 de longitude ouest du méridien de Paris ; c'est une des rares terres qui, dans ces parages, ne se rattache point directement à quelque groupe d'autres îles ; cependant, si l'on poursuit idéalement la ligne de l'archipel *Tubuai*, on verra qu'elle passe à peu près par Rapa ; ce dernier archipel est volcanique, parallèle à celui de Tahiti, dont il n'est éloigné que de 120 lieues environ.

Rapa se présente sous l'aspect d'une terre haute, entièrement volcanique; partout l'œil rencontre ces pics aigus, ces crêtes aux dentelures bizarres qui caractérisent ce genre de formation; çà et là se montrent de hautes buttes basaltiques, et sur les flancs de quelques falaises, on remarque, en strates régulières, d'immenses coulées de roches volcaniques. Aux massifs principaux sont accolés des mamelons aux formes arrondies, qui, diminuant de hauteur, se succèdent jusqu'à la côte, où ils viennent baigner leurs pieds dans la mer.

L'île a peu d'étendue; M. Méry estime que ses dimensions sont, du nord au sud, sens de la plus grande longueur, de 12 ou 15 kilomètres; de l'est à l'ouest, de 10 ou 12 kilomètres, et son circuit de 30 à 40 kilomètres. Ses côtes sont découpées par de nombreuses baies, dont l'une, nommée Ahurei, située au N.-E. de l'île, peut recevoir les navires de tout tonnage.

Chose remarquable, les bancs de corail tiennent partout à la côte, et nulle part ils ne s'en détachent pour former ceinture, ainsi qu'on l'observe dans la plupart des îles de l'Océanie.

Dans l'île on ne rencontre point de grandes vallées, mais une succession de petits vallons n'ayant aucune direction déterminée; au fond de chacun d'eux, les infiltrations des collines voisines se réunissent en filets d'eau, méritant à peine le nom de ruisseau; quelques-uns cependant ne tarissent jamais et permettraient l'établissement d'une aiguade, notamment dans la baie Ahurei.

La végétation est pauvre; on ne rencontre çà et là, dans les parties basses non marécageuses, dans le fond des vallées et dans les ravins, que des arbres chétifs et rabougris. L'arbre à pain y fait complétement défaut; le cocotier y croît, mais ses fruits ne peuvent mûrir; divers autres végétaux des îles intertropicales y sont assez abondants; mais, au lieu de devenir des arbres, ils restent à l'état d'arbustes.

Les habitants mettent plusieurs années à réunir les matériaux nécessaires à la construction d'une case, et ce n'est
que rarement qu'ils trouvent des pièces assez fortes pour y
creuser leur vaisselle en bois, qui leur vient généralement
des autres îles.

Les collines sont couvertes à mi-côte d'herbes assez abondantes qui nourrissent aujourd'hui de nombreuses chèvres
sauvages; au-dessus de cette zone, la terre plus argileuse ne
produit que des fougères, et enfin les sommets montrent à
nu l'argile sans aucune trace de végétation.

Quant aux indigènes, leur seule culture sérieuse est celle
du *Taro;* autour de leurs cases on rencontre bien çà et là
quelques champs de patates douces, d'ignames, de manioc,
mais en quantité si faible qu'on n'en peut tenir compte pour
leur alimentation. Les légumes de l'Europe y poussent assez bien.

La température de Rapa peut varier entre 10 et 25°.

Les poissons, les langoustes, les coquillages comestibles
fourmillent sur les côtes.

La population était de 2.000 habitants au moins lors
de sa découverte; elle n'était plus que de 120 en 1867; elle
avait donc diminué en 76 ans de plus des 15 seizièmes,
décimée par les épidémies et les maladies que les baleiniers
et les caboteurs qui les visitent leur apportèrent. Plusieurs
des hauteurs qui dominent l'île présentent les restes de
fortifications très-bien entendues et assez vastes; ces fortins
sont en pierres sèches habituellement, mais d'après une
note des *Annales hydrographiques* (1868, n° 450), ils seraient parfois en pierres équarries et polies, pesant jusqu'à
2 tonnes et reliées par un ciment très-dur et très-tenace.
Ce fait, qui met en évidence l'existence ancienne d'un peuple
industrieux sur cette île, n'est point rare, on le sait, dans
les îlots de l'Océanie.

Nous allons maintenant passer à la description que

M. Méry donne du gisement de combustible minéral qu'il était venu pour étudier.

C'est au fond du vallon de Paukare, dans les parois d'un petit cirque terminal, que se trouve l'affleurement des couches découvertes; des filets d'eau, descendant d'une colline supérieure, s'y réunissent et y commencent un petit ruisseau qui, suivant le thalweg de ce vallon, vient se jeter dans la baie d'Ahurei dont nous avons parlé.

M. Méry fit détourner le ruisseau et dégager la couche sur toute son épaisseur et sur une largeur de 5 à 6 mètres, voici les caractères qu'il lui reconnut alors.

La couche a une épaisseur de 2 mètres à 2^m,50; sa direction est N. 40° E., elle est inclinée de 15° du sud-est au N.-O.; elle repose directement sur *un filon de basalte* ; elle est en lits irréguliers, mélangée de veines et de blocs d'argile; elle est recouverte par un *talus d'éboulement*, entièrement formé d'argiles diversement colorées. Ce talus, de près de 50 à 60 mètres de hauteur, est terminé au sommet par quelques couches régulièrement stratifiées. Le basalte sur lequel s'appuient ce talus et la couche de combustible, s'est fait jour au sommet de la colline où il forme un dike, réunissant deux buttes basaltiques voisines.

Le lignite extrait de cette couche se présentait en masses compactes, à texture feuilletée, sans traces de végétaux; sa cassure était esquilleuse, terne, de couleur noir grisâtre. La compacité de ce combustible était variable; à la forge il brûlait comme le charbon de bois et pouvait donner assez de chaleur pour le soudage du fer, bien qu'il fallût un temps assez long pour que le fer ait la chaude qui lui est nécessaire pour le soudage.

Quant aux lignites très-compactes, ils brûlent moins bien, dégagent moins de chaleur, répandent une assez forte odeur et encrassent rapidement l'objet soumis à la chauffe.

Les deux variétés brûlées à l'air libre fournissent un

charbon léger, conservant la structure feuilletée des fragments primitifs.

En suivant les lignes déterminantes du plan de la couche, M. Méry n'a pu la reconnaître qu'en un seul point situé vers le sommet d'une croupe contiguë à la colline, et distante d'environ 200 mètres ; dans cet endroit elle apparaît simplement en une trace noire qui affleure à la surface du sol.

Du côté de son *pandage*, la couche s'enfonce rapidement sous une montagne de 400 mètres de hauteur, dont les flancs presqu'à pic ne permettent guère les recherches, surtout avec les moyens dont l'observateur disposait.

Mais quelles que soient l'étendue et la puissance de cette couche, elle se trouve dans d'assez mauvaises conditions pour une exploitation ; elle est située à environ 2.000 mètres de la mer et à 200 ou 250 mètres au-dessus de son niveau, et l'on n'y parvient que par des sentiers très-escarpés. Une difficulté bien plus insurmontable encore se présente : nous avons vu que la couche de combustible était surmontée par une masse d'argiles sans consistance de 50 mètres de hauteur ; les galeries auraient donc besoin d'être solidement boisées et l'île entière, comme nous l'avons encore observé, ne possède pas un seul arbre dont le tronc soit assez fort pour être employé à de semblables travaux.

Ce gisement de lignite est donc destiné à rester comme une simple curiosité géologique, et nous allons essayer de voir, avec M. Méry, quel âge relatif dans l'île on peut lui assigner.

L'analogie des terrains de Rapa avec ceux de Tahiti, des îles sous le vent et des Gambier est tellement évidente, qu'on ne peut que leur attribuer la même origine et les rapporter aux mêmes soulèvements ; on y rencontre identiquement les mêmes roches dans un ordre semblable. Les différentes périodes de formation seraient même ici mieux caractérisées qu'à Tahiti.

Les roches principales sont des trachytes, des wackes, des argiles et des basaltes ; les wackes et les trachytes dont elles proviennent sont contemporains ; quant aux basaltes ils sont ici postérieurs aux trachytes, ce qui est du reste habituellement le cas entre ces deux sortes de roches. En se faisant jour, les basaltes déchirèrent les trachytes en tous sens, les renversèrent, amoncelèrent pêle-mêle les débris sur leurs flancs, et l'île dut présenter alors l'aspect qu'elle a maintenant (sauf cependant les effets de la dénudation), c'est-à-dire une grande arête qui semble entièrement trachytique, demeurée intacte et formant la masse centrale du pays ; de cette arête se détachent les plus hauts sommets de l'île. De nombreux dikes de basalte, qui se montrent de tous côtés et forment aussi les arêtes des contre-forts de la masse centrale trachytique, divisent encore le reste de l'île en espèces de bassins au fond desquels s'élèvent sans ordre des séries de mamelons arrondis, accolés les uns aux autres et venant enfin s'appuyer sur les dikes de basalte et leur servir de croupes ; ces mamelons sont formés de wackes, de tufs et d'argiles ; les dikes de basalte qui les traversent de toute part sont habituellement déchaussés à leur partie supérieure.

M. Méry admet que c'est entre l'arrivée des trachytes et celle des basaltes que, pendant une longue période de calme, les végétaux qui donnèrent lieu à la couche de lignite se développèrent et s'accumulèrent en dépôts tourbeux. Pendant les mouvements produits par l'arrivée des basaltes, ces dépôts furent déplacés, inclinés et enfouis sous d'immenses éboulements où on les retrouve aujourd'hui transformés en lignites, en même temps que des masses argileuses que l'on rencontre au sein de cette couche de combustible y pénétraient par les fentes que la dislocation y avait créées. Certainement le dike de basalte sur lequel repose cette couche de lignite aurait été capable de produire tous ces effets, mais ce qui me laisse un soupçon à cet égard, c'est que nous ne voyons point que le lignite ait subi les altérations dues à une forte chaleur, qu'il aurait dû ressentir si un filon de basalte était ainsi arrivé au jour, en s'intercalant entre lui et les couches sur lesquelles il reposait autrefois. Ordinairement le basalte produit des effets métamorphiques évidents par leur intensité au contact des roches qu'il traverse; ainsi entre Privas et Aubenas, des filons de basalte qui traversent des marnes les ont rendues blanches et cassantes sur plus de 3 décimètres de profondeur, et leur ont en même temps fait perdre leur schistosité; elles sont devenues dures et compactes à la façon d'une argile cuite (*).

Dans le bassin houiller de Newcastle en Angleterre, des failles et des dislocations subies par les couches de houille sont parfois accompagnées d'éruption de basaltes et, au contact de cette roche, le combustible a été carbonisé.

Enfin je citerai un dernier exemple, pris en Océanie même et dans l'îlot Nobby, qui, sur les côtes de la Nouvelle-Galles du Sud, fait face aux mines de houilles de *Newcastle;* — celles-ci auront encore ainsi un nouveau point de ressemblance avec leurs homonymes de l'Europe.—Dans cet îlot un dike de basalte traverse verticalement des bancs de roches dans lesquelles sont intercalées deux couches de houille; les altérations que cette dernière substance a subies s'étendent à 6 ou 8 pieds de chaque côté du dike; à cette distance les parties volatiles de la houille ont disparu, et là où elle n'est point argileuse, elle s'est changée en charbon de bois; les lits impurs ou argileux sont cuits et transformés en une roche noire et charbonneuse, presque aussi compacte que du quartz. L'île entière n'a, il est vrai, que 200 yards de longueur sur 34 de large, non compris ses plages sablonneuses; mais toutes les roches qui la

---

(*) *Carte géologique de France de MM. Dufrénoy et Élie de Beaumont*, tome II, page 724.

composent ont été un peu *cuites*, et il est regrettable que,
cette île soit si petite, car on ne peut exactement mesurer
jusqu'où a pu s'étendre l'action métamorphique (*).

En présence de ces actions violentes des basaltes, dont
nous pourrions encore multiplier les exemples, et bien que,
dans quelques cas, cette roche éruptive n'ait eu, au contraire, qu'une action métamorphique peu apparente, il me
semble que, d'après les situations respectives du basalte et
du lignite à Rapa, il ne paraît pas certain que le basalte
ait été la roche soulevante; je croirais plutôt que c'est sur
cette roche, autrefois horizontale, que les végétaux qui ont
engendré le combustible ont dû se former, et qu'il faudrait
attribuer à une autre cause les changements du système,
peut-être à une nouvelle éruption de basalte ou bien à
l'arrivée des filons d'eurite dont parle aussi M. Méry et qui
ont donné lieu à des argiles blanches fort belles, fort abondantes. J'en ai vu des échantillons qui fourniraient un superbe kaolin.

A Rapa, les basaltes se présentent très-souvent en prismes;
ceux-ci, de faibles dimensions, sont parfois entièrement
décomposés; plus souvent, cependant, cette décomposition
n'est que superficielle et n'atteint que le tiers ou la moitié
de l'épaisseur, tandis que le noyau central, exactement semblable de forme au prisme entier, reste complétement in-
tact. Au centre, ces colonnes de basalte se chargent de
cristaux de pyroxène.

Les argiles qui proviennent de ces prismes sont tout
aussi remarquables que celles que nous avons signalées
comme provenant des eurites, bien qu'elles soient légèrement colorées; leur grain est d'une grande finesse.

Malgré leur abondance, les roches basaltiques ne se présentent point en aussi grandes masses que les trachytes;
elles passent aussi à différentes roches et principalement

(*) Dana. *United States exploring expedition geology*, p. 511.

aux *argiles*, aux *phonolithes* et à de magnifiques *dolérites*, qui seraient très-belles comme pierres de construction.

Pour terminer cette nomenclature nous citerons les *lapillis* qui alternent avec des tufs volcaniques, des laves et diverses scories.

Ile Malden. — Dans cette île qui est au nord de Tahiti, je signalerai un gisement de phosphate de chaux tribasique (75,6 p. 100), qui vaudrait environ 100 francs la tonne dans un port d'Europe. Il mériterait d'être étudié de plus près.

Age de ces îles volcaniques. — J'aurais désiré que les études qui précèdent m'eussent permis de pouvoir intercaler avec certitude ces îles volcaniques dans l'échelle géologique que nous possédons ; mais comme nulle part je n'ai trouvé ces roches éruptives en association avec des terrains sédimentaires anciens, je suis obligé de rester dans le domaine des probabilités ; il paraît pourtant, et je l'ai signalé dans les pages précédentes, que dans l'archipel des *Marquises*, es roches volcaniques sont en connexion avec des schistes nciens ; là se trouverait peut-être la solution du problème.

On peut néanmoins conclure de ce que nous avons vu, que les roches qui composent les archipels volcaniques des Gambier, des Pomotou, des îles de la Société, de Rapa, etc., présentant de très-grands caractères d'identité, sont contemporaines ; de plus, nous avons vu à Tahiti et à Rapa les basaltes apparaître à diverses époques et recouper les trachytes ; nous les avons vus à Tahiti, portant l'empreinte de fougères dont on trouve encore des sujets vivants dans le pays.

Mais si ce fait semble montrer que les dernières arrivées de ces roches ne sont point relativement très-anciennes, il en est d'autres qui accusent que la série d'éruptions a dû commencer à une époque reculée ; la couche de combustible de 2^m,50 d'épaisseur qui s'est formée à Rapa sur des roches

ligées, entre deux éruptions, n'en est-elle pas une preuve? (*)
Cette dénudation si complète qui a pu dépouiller tous les
sommets des couches de cendres, de laves et scories friables
qui les recouvraient, qui a créé ces vallées profondes de
plus de 1.000 mètres, longues de plusieurs lieues, qui a découpé ces cirques verticaux dont l'œil peut à peine em-
brasser les contours, n'a-t-elle pas employé un temps très-
long à s'effectuer? Les dernières éruptions elles-mêmes sont
déjà assez anciennes, puisque les cratères qui devaient leur
correspondre n'ont jamais été rencontrés à Tahiti et à Rapa;
les seuls témoignages qui en restent sont des couches de
cendres et de scories qui recouvrent çà et là les rivages de
la mer, où les pluies sont plus rares et les pentes à peu
près nulles.

On pourrait cependant considérer comme un cratère incliné la galerie que nous avons découverte à la pointe Vénus.

Mais, d'un autre côté, si l'on examine les cartes géolo-
logiques de l'Australasie, de Timor, de la côte orientale de
l'Amérique du Sud, on y voit que les roches volcaniques y
sont de l'époque moderne, ce qui conduirait à donner le
même âge aux roches qui nous ont occupé, c'est-à-dire
celui de nos volcans éteints de l'Auvergne et du Mexique.

Telle est, du reste, l'opinion de la plupart des géologues;
de laquelle il semblerait résulter encore qu'un continent
aurait disparu en Océanie entre les périodes tertiaires et
quaternaires et aurait été remplacé depuis par les îles volcaniques et coralligènes que nous y voyons aujourd'hui.

15 septembre 1869.

____

(*) A moins que ce lignite ne se soit formé au-dessous des eaux
suivant la théorie de Mohr.

Extrait des *Annales des mines*, tome XVII, 1870.

____

276. Paris. — Imprimerie de Gisset et C°, 26, rue Racine.

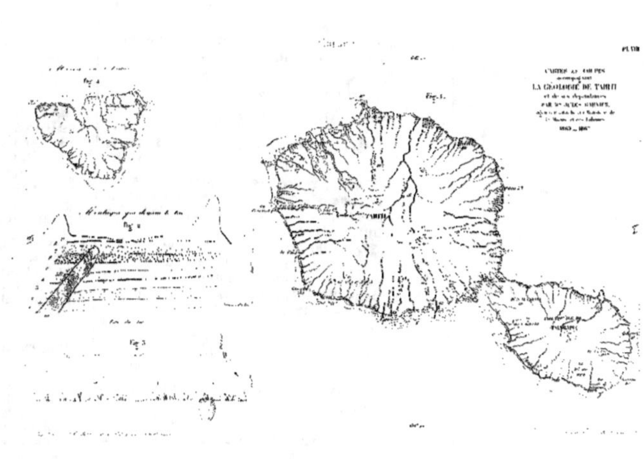
Pl. VIII
CARTES ET COUPES
accompagnant
LA GÉOLOGIE DE TAHITI
et de ses dépendances
par M. JACQUES-GUILLAIN
Fig. 1.
Fig. 2.
Fig. 3.
Fig. 4.

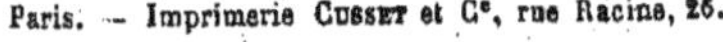